Q/GDW 1799.2—2013

《国家电网公司电力安全工作规程 线路部分》
条文解读

国家电网公司安全监察质量部　编

中国电力出版社
CHINA ELECTRIC POWER PRESS

内 容 提 要

　　本解读是对 Q／GDW 1799.2—2013《国家电网公司电力安全工作规程 线路部分》（简称《线路安规》）的条文解释和说明，旨在帮助规程使用人员理解、执行条文规定。

　　本解读主要内容包括十三部分。具体为总则，保证安全的组织措施，保证安全的技术措施，线路运行和维护，邻近带电导线的工作，线路施工，高处作业，起重与运输，配电设备上的工作，带电作业，施工机具和安全工器具的使用、保管、检查和试验，电力电缆工作，一般安全措施。其余所涉《线路安规》未解读部分同样列出，便于学习。

　　本解读适用于从事电力安全生产工作的管理及技术人员使用。

图书在版编目（CIP）数据

　　Q/GDW 1799.2—2013《国家电网公司电力安全工作规程　线路部分》条文解读／国家电网公司安全监察质量部编. —北京：中国电力出版社，2015.12（2022.6重印）

　　ISBN 978-7-5123-8526-9

　　Ⅰ．①Q… Ⅱ．①国… Ⅲ．①输配电线路–安全规程–中国–学习参考资料　Ⅳ．①TM726–65

　　中国版本图书馆 CIP 数据核字（2015）第 269949 号

中国电力出版社出版、发行

（北京市东城区北京站西街 19 号　100005　http://www.cepp.sgcc.com.cn）

北京天宇星印刷厂印刷

各地新华书店经售

*

2015 年 12 月第一版　2022 年 6 月北京第十二次印刷

850 毫米×1168 毫米　32 开本　9.625 印张　228 千字

印数21001—24000册　定价 32.00 元

前　　言

本解读是对 Q/GDW 1799.2—2013《国家电网公司电力安全工作规程　线路部分》的条文解释和说明，旨在帮助规程使用人员理解、执行条文规定。

本解读主要内容包括十三部分。具体为总则，保证安全的组织措施，保证安全的技术措施，线路运行和维护，邻近带电导线的工作，线路施工，高处作业，起重与运输，配电设备上的工作，带电作业，施工机具和安全工器具的使用、保管、检查和试验，电力电缆工作，一般安全措施。

本解读的附录 A～I 及附录 K、O、P、Q、R 为资料性附录。

本解读的附录 J、L、M、N 为规范性附录。

本解读由国家电网公司安全监察质量部提出并解释。

本解读主要起草单位：国家电网公司华东分部、国网浙江省电力公司、国网安徽省电力公司、国网上海市电力公司、国网江苏省电力公司。

本解读主编：陈竞成、刘亨铭、葛乃成、张雷、胡翔。

本解读编写人员：

方旭初、林红明、聂宇本、杨光亮（5　保证安全的组织措施、7　线路运行和维护、8　邻近带电导线的工作、13　带电作业）。

吴濡生、罗耀国、葛乃成（6　保证安全的技术措施、9　线路施工、12　配电设备上的工作、14　施工机具和安全工器具的使用、保管、检查和试验、附录 K）。

张健、张印虎、罗耀国（10　高处作业、11　起重与运输、16　一般安全措施）。

胡翔（1　范围、4　总则）。

陆懋德、胡俊（15　电力电缆工作）。

戴克铭、罗耀国（附录 J、L、M、N）。

编　者

2015 年 8 月

目　录

1 范　围

本规程规定了工作人员在作业现场应遵守的安全要求。

本规程适用于在运用中的发电、输电、变电（包括特高压、高压直流）、配电和用户电气设备上及相关场所工作的所有人员，其他单位和相关人员参照执行。

开闭所、高压配电站（所）内工作参照 Q/GDW 1799.1—2013《国家电网公司电力安全工作规程　变电部分》的有关规定执行。

【解读】本条明确在公司系统内所有电气设备上，以及在电气设备相关的工作场所上工作的所有工作人员，也包括在各单位承接的系统外符合本规程规定的所有设备及相关场所开展工作的人员（含聘用人员）；除此以外，其他单位和相关人员参照本规程有关条款执行，但应制定具体的管理制度。

相关场所通常是指电气设备所在场所和与其邻近有可能接触或接近带电设备的场所，如厂房（站）内、电力线路走廊下或配电设备的附近等。

其他单位包括调试试验单位、设计单位、施工建设单位、电力设备制造单位以及公司系统外来单位等，其从事的作业或活动与国家电网公司所辖运用中的设备相关时也应遵守本规程。

开闭所：配电系统中由母线和开关组成，将高压电力向周围用电单元分配的电力设施。其特征是进线侧和出线侧的电压相同。

配电站（所）：将高压电力送到用电设备或用户的电网末端变电站。

开闭所、高压配电站（所）内工作，在公司系统工作分类中属于电力线路部分，但其工作性质大部分是变电站的电气工作。因此，规定其相关工作的安全要求应参照 Q/GDW 1799.1—2013《国家电网公司电力安全工作规程　变电部分》或按照《国家电网公司电力安全工作规程　配电部分（试行）》执行。

2　规范性引用文件

下列文件对于本文件的应用是必不可少的。凡是注日期的引用文件，仅注日期的版本适用于本文件。凡是不注日期的引用文件，其最新版本（包括所有的修改单）适用于本文件。

GB 3787—2006　手持式电动工具的管理、使用、检查和维修安全技术规程

GB 5905　起重机试验、规范和程序

GB 6067　起重机械安全规程

GB/T 9465　高空作业车

GB/T 18857—2008　配电线路带电作业技术导则

GB 26859—2011　电力安全工作规程（电力线路部分）

GB 26860—2011　电力安全工作规程（发电厂和变电站电气部分）

DL/T 392—2010　1000kV 交流输电线路带电作业技术导则

DL 408—1991　电业安全工作规程（发电厂和变电所电气部分）

DL 409—1991　电业安全工作规程（电力线路部分）

DL/T 599—2005　城市中低压配电网改造技术导则

DL/T 875—2004　输电线路施工机具设计、试验基本要求

DL/T 881—2004　±500kV 直流输电线路带电作业技术导则

DL/T 966—2005　送电线路带电作业技术导则

DL/T 976—2005　带电作业工具、装置和设备预防性试验规程

DL/T 1060—2007　750kV 交流输电线路带电作业技术导则

DL 5027　电力设备典型消防规程

ZBJ 80001　汽车起重机和轮胎起重机维护与保养

Q/GDW 302—2009　±800kV 直流输电线路带电作业技术导则

中华人民共和国国务院令　第466号　民用爆炸物品安全管理条例

3 术 语 和 定 义

下列术语和定义适用于本规程。

3.1

低［电］压 low voltage，LV

用于配电的交流系统中 1000V 及其以下的电压等级。

［GB/T 2900.50—2008，定义 2.1 中的 601–01–26］

3.2

高［电］压 high voltage，HV

a） 通常指超过低压的电压等级。

b） 特定情况下，指电力系统中输电的电压等级。

［GB/T 2900.50—2008，定义 2.1 中的 601–01–27］

3.3

运用中的电气设备 operating electrical equipment

指全部带有电压、一部分带有电压或一经操作即带有电压的电气设备。

3.4

事故紧急抢修工作 emergency repair work

指电气设备发生故障被迫紧急停止运行，需短时间内恢复的抢修和排除故障的工作。

3.5

设备双重名称 dual tags of equipment

即设备名称和编号。

3.6

双重称号 dual title

即线路名称和位置称号，位置称号指上线、中线或下线和面向线路杆塔号增加方向的左线或右线。

3.7

电力线路 electric line

在系统两点间用于输配电的导线、绝缘材料和附件组成的设施。

4 总 则

4.1 为加强电力生产现场管理，规范各类工作人员的行为，保证人身、电网和设备安全，依据国家有关法律、法规，结合电力生产的实际，制定本规程。

【解读】编制本规程是为了贯彻"安全第一、预防为主、综合治理"基本方针，本规程的核心是规范生产现场各类工作人员的行为和保证人身、电网、设备安全，重点是保证人身安全。本规程依据《中华人民共和国安全生产法》《中华人民共和国劳动法》等国家有关法律、法规，结合电力生产的实际而制定，因此各类工作人员都应严格遵守。

4.2 作业现场的基本条件。

4.2.1 作业现场的生产条件和安全设施等应符合有关标准、规范的要求，工作人员的劳动防护用品应合格、齐备。

【解读】安全生产事故主要发生在作业现场。

生产条件应指安全生产条件，它贯穿于电力生产的全过程，对于保证电力生产的安全起着关键的作用。

目前我国安全生产的国家标准和行业标准主要包括安全生产管理方面的标准，生产设备、工具的安全标准，生产工艺的安全标准，安全防护用品标准等。

满足安全生产条件的要求是：生产经营单位的主要负责人应保证本单位安全生产所必需的资金投入；生产经营单位新建、改建、扩建工程项目的安全设施，应当与主体工程同时设计、同时施工、同时投入生产和使用；生产经营单位安全设备的设计、制造、安装、使用、检测、改造和报废，应当符合国家标准或者行业标准；生产经营单位应对安全设备进行经常性维护、保养，并定期检测，保证正常运转等。

　　安全设施是指生产经营活动中将危险因素、有害因素控制在安全范围内，以及预防、减少、消除危害所设置的安全标志、设备标识、安全警示线和安全防护设施等的统称。如标示牌式样（本规程附录J）、设备双重名称牌、设备铭牌、安全围栏、安全电压照明、电缆孔洞阻燃材料封堵等。此外，安全设施还包括安全装置（如起重机卷扬限制器、过负荷限制器等），监控装置（如 SF_6 气体泄漏报警仪、电气设备温度监测装置等），环境保护装置（如通风装置、除湿装置等），消防设施（如变压器灭火装置等）等。

　　劳动防护用品是指由生产经营单位为从业人员配备的，使其在劳动过程中免遭或者减轻事故伤害及职业危害的个人防护装备。如安全帽、防尘口罩、防毒面具、护目镜、阻燃防护服、绝缘手套、安全带等，劳动防护用品对于减少职业危害起着相当重要的作用。工作人员的劳动防护用品是保障安全作业的基本物质条件，同样应符合国家劳动卫生部门的相关规定，包括采购、存放、使用、定期检查、试验、报废等环节的管理要求，各单位应制定符合本单位实际情况的管理制度。合格是指劳动防护用品的质量符合标准、适用；齐备是指劳动防护用品的数量、种类、型号符合当时作业的实际需要，并充分考虑适量的备品。

4.2.2　经常有人工作的场所及施工车辆上宜配备急救箱，存放急救用品，并应指定专人经常检查、补充或更换。

　　【解读】电力生产工作场所存在各类危险因素，如触电、高处坠落、机械伤害、中暑、中毒、自然灾害等。由于各种原因未能得到有效控制时，会发生人员伤害的突发情况。需要在经常作业的场所配备必要的存放急救用品的急救箱，施工车辆也宜配备急救箱。

　　各单位应根据实际情况自行规定哪些场所或施工车辆上应配备急救箱，并制定相应的管理制度，包括检查、补充和更换的具体要求以及根据实际工种需求、现场环境、季节特点，配备相应的、常用的急救用品。

4.2.3　现场使用的安全工器具应合格并符合有关要求。

【解读】安全工器具属于生产条件范畴，安全工器具的合格是现场作业安全的必备条件之一，因此它应符合国家、行业和国家电网公司的相关要求，其使用、保管、检查和试验要求参见《国家电网公司电力安全工器具管理规定》[国网（安监/4）289—2014]，具体试验要求参见本规程的附录 L、M，相关试验方法参照国家、行业有关标准和《电力安全工器具预防性试验规程（试行）》（国电发〔2002〕777 号）。

4.2.4　各类作业人员应被告知其作业现场和工作岗位存在的危险因素、防范措施及事故紧急处理措施。

【解读】国家相关法律规定作业人员应享有被告知作业现场和工作岗位中危险因素、防范措施以及事故紧急处理措施的权利，体现了对作业人员人身安全的保护。作业人员只有了解了工作中的危险因素和防范措施，才能主动避免人身伤害；只有掌握了事故紧急处理措施，才能在突发状况下将伤害程度减小到最低。

4.3　作业人员的基本条件。

4.3.1　经医师鉴定，无妨碍工作的病症（体格检查每两年至少一次）。

【解读】从事各工种的作业人员均需要具备相应的身体条件。如果作业人员身体条件不合适（有妨碍工作的病症）就很难胜任。因此，作业人员应定期进行职业健康检查，而且应当由符合国家卫生部门规定资质的医疗机构的职业医师进行鉴定。

所有参加工作的人员每两年至少进行一次体格检查（部分有特殊要求的工种，可适当增加体检次数，如每年进行一次）。各单位可自行制定相应规定。

4.3.2 具备必要的电气知识和业务技能，且按工作性质，熟悉本规程的相关部分，并经考试合格。

【解读】电气工作具有较强的专业性，从事电气作业的人员应掌握本专业的基本电气知识，具备岗位工作所需的业务技能，才能正确地进行工作。

熟悉本规程是电气作业人员进行安全作业的必备条件，因为本规程是规范作业行为和保证人身、电网和设备安全的基本制度。因此，凡从事电气作业的所有人员均应结合自身专业要求，熟悉本规程的相关内容，并经单位组织的专项考试合格。

4.3.3 具备必要的安全生产知识，学会紧急救护法，特别要学会触电急救。

【解读】确保电气安全作业，不仅需要掌握必要的电气知识和业务技能，而且要求作业人员具有与专业有关的安全生产知识。

电气工作中，有时会发生一些伤害情况。现场采取紧急施救，是降低死亡概率、减小伤害程度至关重要的手段。因此，本规程要求电气作业人员应当学会与专业有关的紧急救护法，便于现场紧急施救或自救。同时，特别强调要学会触电急救。因为在电气作业过程中，发生触电伤害的概率较高，其致残程度或死亡与否，往往取决于现场紧急施救或自救的效果。

4.3.4 进入作业现场应正确佩戴安全帽，现场作业人员应穿全棉长袖工作服、绝缘鞋。

【解读】本条是对作业现场人员穿戴的基本安全要求，但办公室、控制室、值班室和检修班组室等除外。安全帽可防范头部被物体打击、撞击；全棉长袖工作服有一定的阻燃和绝缘作用，并可防止电弧灼伤，隔离电热蒸汽；绝缘鞋可保持对地绝缘。

正确佩戴安全帽的主要注意事项：

（1）佩戴安全帽前，要检查安全帽是否在试验合格期内，检查各部件齐全、完好后方可使用。

（2）佩戴安全帽，要将颏下系带系牢，帽箍应调整适中，以防帽子滑落或被碰掉。

（3）不能随意对安全帽进行拆卸或添加附件，以免影响其原有的防护性能。

（4）安全帽只要受过一次强力的撞击，就无法再次有效吸收外力，有时尽管外表看不到任何损伤，但是内部已经遭到损伤，不能继续使用。

4.4 教育和培训

4.4.1 各类作业人员应接受相应的安全生产教育和岗位技能培训，经考试合格上岗。

【解读】各类作业人员应通过安全思想教育、安全知识教育、安全技术教育和岗位技能培训，考试成绩合格后，才能从事相应岗位的工作。各单位应自行制定相应管理制度。

4.4.2 作业人员对本规程应每年考试一次。因故间断电气工作连续三个月以上者，应重新学习本规程，并经考试合格后，方能恢复工作。

【解读】各类作业人员应每年参加一次本规程考试，不断巩固电力安全知识。

如果长期间断工作，且未经重新学习，直接参与工作，很有可能发生伤害事件。因此，本规程要求不论何种原因，连续间断电气工作三个月以上者，应当重新学习本规程，并经考试合格后，方能恢复工作。

4.4.3 新参加电气工作的人员、实习人员和临时参加劳动的人员（管理人员、非全日制用工等），应经过安全知识教育后，方可到现场参加指定的工作，并且不准单独工作。

【解读】新参加电气工作的人员、实习人员和临时参加劳动的人员（管理人员、非全日制用工等），通常还不具备必要的岗位技能和专业安全知识，因此下现场前，应事先经过基本安全知识教育后，在有经验的电气作业人员全程监护下，参加指定（技术较简单、危险性较小）的工作。

4.4.4 参与公司系统所承担电气工作的外单位或外来工作人员应熟悉本规程，经考试合格，并经设备运维管理单位认可，方可参加工作。工作前，设备运维管理单位应告知现场电气设备接线情况、危险点和安全注意事项。

【解读】明确参与公司系统所承担电气工作（包括系统内、系统外的电气工作）的外单位或外来工作人员应熟悉本规程，外单位或外来工作人员通常不熟悉所工作的环境和设备情况，因此设备运维管理单位应对其进行告知，包括现场电气设备接线情况、危险点和安全注意事项。

4.5 任何人发现有违反本规程的情况，应立即制止，经纠正后才能恢复作业。各类作业人员有权拒绝违章指挥和强令冒险作业；在发现直接危及人身、电网和设备安全的紧急情况时，有权停止作业或者在采取可能的紧急措施后撤离作业场所，并立即报告。

【解读】本条为根据《中华人民共和国安全生产法》（2014 修改版）第三章"从业人员的安全生产权利义务"第五十一条和第五十二条规定并结合电网实际的细化条款。国家法律赋予了各类作业人员在生产过程中具有保障生产安全的基本权利。

4.6 在试验和推广新技术、新工艺、新设备、新材料的同时，应制定相应的安全措施，经本单位批准后执行。

【解读】本条为根据《中华人民共和国安全生产法》（2014 修改版）第二章"生产经营单位的安全生产保障"第二十六条规定并结合电网实际的细化条款。人们对新的事物往往认知不足、熟悉不够，在试验和推广过程中，不能很好地预判可能发生的意外后果。因此，在试验和推广的同时，应制定相应的安全措施加以有效防范，并履行批准手续。

5 保证安全的组织措施

5.1 在电力线路上工作,保证安全的组织措施。

    a) 现场勘察制度。

    b) 工作票制度。

    c) 工作许可制度。

    d) 工作监护制度。

    e) 工作间断制度。

    f) 工作终结和恢复送电制度。

5.2 现场勘察制度。

5.2.1 进行电力线路施工作业、工作票签发人或工作负责人认为有必要现场勘察的检修作业,施工、检修单位均应根据工作任务组织现场勘察,并填写现场勘察记录(见附录A)。现场勘察由工作票签发人或工作负责人组织。

【解读】电力线路施工作业是指运行线路和配电设备的改、扩建工程,如立、撤杆塔,放、紧、撤导地线,配电变压器台架安装,调换设备(如柱上开关、刀闸)等。上述施工作业受工作量、环境和条件等因素的影响,需根据现场情况制订组织措施、技术措施、安全措施和施工方案,辨识作业安全风险,故应进行现场勘察。

有必要现场勘察的检修作业是指工作票签发人或工作负责人对该作业的现场情况掌握、了解不够,需在作业前进行勘察的检修作业。但常规的检查、测量、清扫等工作,一般不需进行现场勘察。

现场勘察的结果是填写、签发工作票,编制组织措施、技术措施、安全措施和施工方案的重要依据。因此,现场勘察应由工作票签发人或工作负责人组织，并按附录 A 格式做好记录。

现场勘察后，应填写现场勘察记录，记录主要包括明确需要停电的范围、保留的带电部位、作业现场的条件、地理环境及其他作业风险，必要时应附图说明。作业现场环境主要是指现场的天气环境（如雨雪、大风、高温、低温等）、地理环境（如土质、起吊距离、交叉跨越等）、邻近有电设备等。

检修（施工）开工前，工作票签发人或工作负责人要重新核对现场勘察情况，发现原勘察情况有变化时，应及时修正、完善相应的组织措施、技术措施、安全措施或专项施工方案。

5.2.2 现场勘察应查看现场施工（检修）作业需要停电的范围、保留的带电部位和作业现场的条件、环境及其他危险点等。

根据现场勘察结果，对危险性、复杂性和困难程度较大的作业项目，应编制组织措施、技术措施、安全措施，经本单位批准后执行。

【解读】在电力线路上工作，现场勘察的要点：现场施工（检修）作业需要停电的范围、保留的带电部位、接地线的挂设位置；现场施工（检修）作业的条件（包括工器具、施工机械设备、通信联络的使用条件）和环境；工作地段邻近或交叉跨越其他电力线路及弱电线路、铁路、公路、航道、建筑物等情况；同杆架设多回线路的停电范围和安全措施，以及设置安全措施时可能存在的危险点；用户双路电源（开关站双路电源）、并网小水（火）电、自备电源和低压电源倒送电的可能性；作业杆塔的型号等是否与图纸相符；设备的缺陷部位及严重程度。

危险性、复杂性和困难程度较大的作业项目：主干线路重大的改造工程及设备拆除项目；在线路档内存在交叉跨越或邻近其他电力线路、弱电线路、铁路、公路、航道、建筑物等时的放线、紧线和拆线工作；重要的"立、撤杆塔"、更换杆塔主要塔材或主杆的工作；多班组交叉作业的工作；新技术、新工艺、新方法等项目的实施等。上述项目均应根据现场勘察结果，编制组织、技术、安全措施，经本单位批准后执行。

5.3　工作票制度。

5.3.1　在电力线路上工作，应按下列方式进行：

　　a)　填用电力线路第一种工作票（见附录 B）。

　　b)　填用电力电缆第一种工作票（见附录 C）。

　　c)　填用电力线路第二种工作票（见附录 D）。

　　d)　填用电力电缆第二种工作票（见附录 E）。

　　e)　填用电力线路带电作业工作票（见附录 F）。

　　f)　填用电力线路事故紧急抢修单（见附录 G）。

　　g)　口头或电话命令。

　　【解读】工作票或事故紧急抢修单是被批准在电气线路、设备上工作的一种书面依据，包括明确安全责任，现场交底，工作许可、终结手续，实施技术措施、安全措施等内容。

　　因电力线路上的部分工作内容（本条 5.3.6 款）较为单一，在作业过程中人员不涉及带电部位。为了简化书面作业流程，提高工作效率，规定可以采取预先发布口头或电话命令方式或作业前经临时请示批准方式开展作业，但应根据工作性质采取相应安全措施。

5.3.2　填用第一种工作票的工作为：

　　a)　在停电的线路或同杆（塔）架设多回线路中的部分停电线路上的工作。

　　b)　在停电的配电设备上的工作。

　　c)　高压电力电缆需要停电的工作。

　　d)　在直流线路停电时的工作。

　　e)　在直流接地极线路或接地极上的工作。

　　【解读】线路或配电设备停电填用第一种工作票的工作，其特点是应履行停电许可和终结手续，需执行停电、验电、装设接地线等措施后方可进行作业。主要是因为作业人员、设备、工器具、材料等与带电的线路或配电设备之间安全距离不能满足安全要求，工作量较大而带电作业一时无法完成或不能满足带电作业要求，线路或配电设备带电时无法进行检测等。

5.3.3 填用第二种工作票的工作为：

    a） 带电线路杆塔上且与带电导线最小安全距离不小于表3规定的工作。

    b） 在运行中的配电设备上的工作。

    c） 电力电缆不需要停电的工作。

    d） 直流线路上不需要停电的工作。

    e） 直流接地极线路上不需要停电的工作。

【解读】本条款提出了五类工作应使用第二种工作票。使用第二种工作票的工作是指人体、工器具、材料等不触及带电线路或带电部分，且与高压带电线路和设备带电部分的安全距离满足表3要求，不需停电的工作。

5.3.4 填用带电作业工作票的工作为：

    带电作业或与邻近带电设备距离小于表3、大于表5规定的工作。

【解读】带电作业是指本规程第13章所涵盖的等电位、中间电位、地电位作业。与邻近带电设备距离小于本规程表3规定且大于表5规定（包括人体、工器具、材料及塔上异物等）的工作，应填用带电作业工作票，但不属于带电作业范畴。

5.3.5 填用事故紧急抢修单的工作为：

    事故紧急抢修应填用工作票或事故紧急抢修单。

    非连续进行的事故修复工作，应使用工作票。

【解读】事故紧急抢修的目的是防止事故扩大或尽快恢复供电，应使用工作票或事故紧急抢修单。

填用（使用）事故紧急抢修单时，工作负责人应根据抢修任务布置人的要求及掌握到的现场情况填写安全措施，到抢修现场后再勘察，补充完善安全措施。工作开始前应得到工作许可人的许可。

抢修任务布置人应当由熟悉事故现场情况，具备事故紧急抢修指挥能力的单位（部门）负责人或单位批准的工作票签发人担任。

符合事故紧急抢修工作定义、设备被迫停运、短时间可以恢复且连续进行的事故修复工作，可用事故紧急抢修单。

未造成线路、电气设备被迫停运的缺陷处理工作不得使用事故紧急抢修单，而应使用工作票。

5.3.6 按口头或电话命令执行的工作为：

a) 测量接地电阻。

b) 修剪树枝。

c) 杆塔底部和基础等地面检查、消缺工作。

d) 涂写杆塔号、安装标志牌等，工作地点在杆塔最下层导线以下，并能够保持表 4 安全距离的工作。

【解读】树枝（竹）在线路下方且与带电导线的最小净空距离大于表 4 规定的修剪工作，可使用口头或电话命令方式。

5.3.7 工作票的填写与签发。

5.3.7.1 工作票应用黑色或蓝色的钢（水）笔或圆珠笔填写与签发，一式两份，内容应正确，填写应清楚，不得任意涂改。如有个别错、漏字需要修改时，应使用规范的符号，字迹应清楚。

【解读】为了防止工作票上填写与签发内容的字迹（如线路名称、编号、动词、时间、设备状态以及接地线、警示牌等）被随意修改和使用过程中字迹褪色，同时为了工作票归档保存，应使用水笔、钢笔或圆珠笔。

填写时，内容应正确，字迹应工整、清楚。如果工作票填写不清楚或任意涂改，在执行过程中可能由于识别或理解错误，导致安全措施不完善、工作任务不明确，危及人身、设备安全。

若一张工作票下设多个小组工作，并使用工作任务单时，工作班人员栏可只填写小组负责人姓名。

5.3.7.2 用计算机生成或打印的工作票应使用统一的票面格式。由工作票签发人审核无误，手工或电子签名后方可执行。

工作票一份交工作负责人，一份留存工作票签发人或工作许可人处。工作票应提前交给工作负责人。

【解读】为了对工作票进行规范管理，计算机生成或打印的工作票与手工填写的工作票应按规定采用统一的票面格式。工作票应由签发人审核无误，手工或电子签名后，方可执行。

工作票应一式两份，工作许可后，其中一份由工作负责人收执，作为其向工作班人员交代工作任务、安全注意事项、现场安全措施等的书面凭证；若工作许可人为工区运维人员或现场工作许可人时，另一份留存工作许可人处，作为掌握工作情况、安全措施设置的依据。

第二种工作票无工作许可人时，工作票留存在工作票签发人处。

工作票应提前交给工作负责人，便于其有充分时间对工作内容、停电范围和安全措施进行审核，审核中发现疑问还需联系工作票签发人。

5.3.7.3 一张工作票中，工作票签发人和工作许可人不得兼任工作负责人。

【解读】工作票签发人的作用是负责对工作票所填写的安全措施的正确性进行审查；工作许可人的作用是对由其许可的工作票所列的安全措施正确性进行审查，对发出的许可工作的命令以及现场由其布置的安全措施的正确性负责；工作负责人的作用是组织、指挥工作班人员完成本项工作任务，且应始终在工作现场，及时纠正不安全的行为。

一张工作票中分别设工作票签发人、工作许可人和工作负责人，是为了对工作票中所填的各项内容进行审核，相互把关，确保其准确性；工作负责人还应对照工作票和现场实际核对许可人发出的许可工作命令的正确性。故工作票签发人和工作许可人不得兼任工作负责人。

在一张工作票中，工作票签发人对工作票的工作任务、停电方式、安全措施及安全规程等方面情况相对熟悉、掌握，具备兼任工作许可人条件，但工作票签发人还应经相关的专业项目培训合格、单位批准、公布后方可兼任。工作票签发人兼任工作许可人时，应履行相应的安全责任。

5.3.7.4　工作票由工作负责人填写，也可由工作票签发人填写。

【解读】工作负责人是现场工作的主要组织者和实施者，对安全措施的现场实施负安全责任。同时，填写工作票的过程也是熟悉作业流程、安全措施的过程。因此，工作票由工作负责人填写。但工作负责人填写工作票后，工作票签发人应认真审核后签发。工作票签发人对工作票所列安全措施的正确性、完整性负全面责任，故工作票也可以由工作票签发人填写。

5.3.7.5　工作票由设备运维管理单位签发，也可由经设备运维管理单位审核合格且经批准的检修及基建单位签发。检修及基建单位的工作票签发人、工作负责人名单应事先送有关设备运维管理单位、调度控制中心备案。

【解读】允许签发工作票的检修及基建单位应具备以下条件：

（1）长期固定在本系统内从事各项对应的工作，熟悉系统接线方式和设备情况；

（2）安全、质量等各项管理业绩良好。

检修及基建单位应加强工作票签发人、工作负责人的管理，其资质、工作年限、专业等条件应满足设备运维管理单位的有关规定。

5.3.7.6　承发包工程中，工作票可实行"双签发"形式。签发工作票时，双方工作票签发人在工作票上分别签名，各自承担本规程工作票签发人相应的安全责任。

【解读】承发包工程的工作票可由设备运维管理单位（或设备检修维护单位）和承包单位共同签发，共同承担安全责任，即"双签发"。承包单位的工作票签发人及工作负责人名单应事先送设备运维管理单位备案。

发包方工作票签发人负责审核工作的必要性和安全性、工作票上所填写的停电安全措施是否正确完备、所派工作负责人是否在备案名单内。承包方工作票签发人对工作安全性、工作票上所填写的作业安全措施是否正确完备、所派工作负责人和工作班人员是否适当和充足负责。采用"双签发"可弥补双方的不足，使承、发包双方的安全责任明确，各负其责，共同确保安全。

5.3.8　工作票的使用

5.3.8.1　第一种工作票，每张只能用于一条线路或同一个电气连接部位的几条供电线路或同（联）杆塔架设且同时停送电的几条线路。第二种工作票，对同一电压等级、同类型工作，可在数条线路上共用一张工作票。带电作业工作票，对同一电压等级、同类型、相同安全措施且依次进行的带电作业，可在数条线路上共用一张工作票。

在工作期间，工作票应始终保留在工作负责人手中。

【解读】可使用同一张第一种工作票，是在同时停送的前提下满足以下条件之一者：

（1）一条线路停电的工作。

（2）同一个电气连接部位的几条供电线路同时停送电的工作。"同一个电气连接部位的几条供电线路"是指同一电压等级在电气上互相连接的多条线路，如环网供电线路。若中间通过断路器（开关）或隔离开关（刀闸）连接，虽在电气上可分开，但其工作范围内，没有倒送电和突然来电的可能，仍可视作同一电气连接部位。

（3）几条线路同（联）杆塔架设且同时停送电的工作。联杆是指将两基及以上独立杆塔的中间或头部联结起来的多杆塔组合体。如果部分同（联）杆塔架设，不可使用一张工作票。

数条线路作业使用同一张第二种工作票时，应同时满足以下条件：

（1）电压等级相同。

（2）同类型工作。同类型工作是指工作目的、内容、要求和作业方法相同的工作。

数条线路作业使用同一张带电作业工作票时，应同时满足以下条件：

（1）电压等级相同。

（2）同类型工作。

（3）安全措施相同。主要是指满足安全距离和组合间隙要求、使用同规格的绝缘工具、进出电场的方法相同等。

（4）逐条线路依次进行的作业（因带电作业还需要停用重合闸，正常每次只能在一条线路上开展工作）。

为了便于掌控进度、检查、监督安全措施的落实，在工作期间，工作票应始终保留在工作负责人手中。

5.3.8.2　一个工作负责人不能同时执行多张工作票。若一张工作票下设多个小组工作，每个小组应指定小组负责人（监护人），并使用工作任务单（见附录 H）。

工作任务单一式两份，由工作票签发人或工作负责人签发，一份工作负责人留存，一份交小组负责人执行。工作任务单由工作负责人许可。工作结束后，由小组负责人交回工作任务单，向工作负责人办理工作结束手续。

【解读】为了确保工作负责人精力集中、监护到位，避免工作负责人将几张工作票的工作任务、时间、地点、安全措施等混淆，因此，工作负责人在同一时间内，只能执行一张工作票。

多小组工作形式，适用于长线路或同一个电气连接部位上多个小组的共同作业，且工作票所列安全措施一次完成的工作。采用这种方式时，应使用工作任务单，由工作负责人统一向值班调控人员办理许可和终结手续。

工作任务单与工作票安全要求相同，因此，工作任务单由工作票签发人签发，也可由工作负责人签发。一份由工作负责人留存，便于对各小组进行监督及全面掌握工作情况。一份交小组负责人执行，用于明确小组的任务和安全措施要求。工作任务单上应写明工作任务、停电范围、工作地点的起止杆号及安全措施（注意事项）等。

工作任务单上的工作任务和安全措施是由小组负责的，是工作票中全部任务和措施中的一部分。工作任务单执行的前提应是在工作许可人完成工作票要求的作业条件并许可工作票后，才能开展工作任务单上所列的工作。此时，因工作负责人掌握整个线路的停、送电的情况，接地线等安全措施布置的完成情况，故工作负责人应担任工作任务单的许可人。工作任务单的许可和终结由小组负责人与工作负责人办理。工作票许可后，再许可工作任务单；所有工作任务单结束汇报后，工作票方可终结。

5.3.8.3 一回线路检修（施工），其邻近或交叉的其他电力线路需进行配合停电和接地时，应在工作票中列入相应的安全措施。若配合停电线路属于其他单位，应由检修（施工）单位事先书面申请，经配合线路的设备运维管理单位同意并实施停电、接地。

【解读】配合停电线路是指与停电检修（施工）线路邻近或交叉需配合停电、接地的其他所有线路。

邻近或交叉的其他电力线路需进行配合停电和接地时，为确保让工作负责人有效控制现场的危险点和现场安全措施，应在检修（施工）线路的工作票中列入相应的安全措施。若配合停电线路属于检修（施工）单位负责管理，且配合停电线路的安全措施由负责检修（施工）线路的工作负责人实施，则只需填用一张工作票即可。若配合停电线路属于其他单位，则检修（施工）单位应事先向配合停电线路的设备运维管理单位提出书面申请，经同意并由该设备运维管理单位实施停电、接地。

5.3.8.4 一条线路分区段工作，若填用一张工作票，经工作票签发人同意，在线路检修状态下，由工作班自行装设接地线等安全措施可分段执行。工作票中应填写清楚使用的接地线编号、装拆时间、位置等随工作区段转移情况。

【解读】一条线路填用一张工作票进行分段工作时，考虑到部分线路长度长、分支线多、地形复杂、停电时间短等因素，一次性完成整条线路装设接地线等安全措施难度大、耗时长（拆除时也是如此，同时也可避免接地线被盗窃），为提高现场工作效率，在保证现场作业安全的前提下，可按照工作区段分段装设接地线等安全措施，即接地线等安全措施随工作地点的转移而转移的方式进行，但前提条件是线路处于检修状态。在签发工作票时，应填写清楚分区段工作的装设接地线的位置；在执行工作票时，应填写清楚接地线的编号和挂设、拆除的时间。

5.3.8.5 持线路或电缆工作票进入变电站或发电厂升压站进行架空线路、电缆等工作，应增填工作票份数，由变电站或发电厂工作许可人许可，并留存。

上述单位的工作票签发人和工作负责人名单应事先送有关运维管理单位备案。

【解读】作业人员持线路或电缆工作票进入变电站或发电厂升压站内工作，应得到变电站或发电厂升压站工作许可人的许可。因为运维人员对厂（站）内设备带电情况、工作地点的危险点及预控措施等掌握较为全面，根据工作内容可预先补充必要的安全措施和交代安全注意事项（如设置围栏指示工作地点和范

23

围，悬挂"从此上下"标示牌指示作业人员上下构架通道，悬挂"在此工作"的标示牌等措施)，以起到安全把关的作用。所以，进厂(站)工作应增填工作票份数，由厂(站)运维人员对工作票进行审核、许可并执存。

为了便于运维单位掌握相关人员是否具备资格，线路或电缆工作票签发人和工作负责人名单应事先送有关运维管理单位备案。

5.3.9 工作票的有效期与延期。

5.3.9.1 第一、二种工作票和带电作业工作票的有效时间，以批准的检修期为限。

【解读】工作票的有效时间以正式批准的检修时间为限。正式批准的检修时间为调度批准的开工至完工时间。

5.3.9.2 第一种工作票需办理延期手续，应在有效时间尚未结束以前由工作负责人向工作许可人提出申请，经同意后给予办理。

第二种工作票需办理延期手续，应在有效时间尚未结束以前由工作负责人向工作票签发人提出申请，经同意后给予办理。第一、二种工作票的延期只能办理一次。带电作业工作票不准延期。

【解读】第一种工作票，提前申请办理延期手续，是为了给调度控制中心或运维部门调整运行方式以及变更、办理送电的时间，并提前将延迟送电情况通知用户。第二种工作票，提前申请办理延期手续，是为便于工作票签发人及时掌握现场情况，调整变更工作计划和人员安排。

第一种工作票涉及线路的停送电时间和变电站的操作，应向工作许可人提出申请；第二种工作票因不需要履行工作许可手续，应向工作票签发人提出申请。

第一、二种工作票延期手续只能办理一次，如果延期太多，不利于现场作业安全。第一、二种工作票延期后在有效时间内不能完成工作，则应先将该工作票办理终结手续后，再重新填用新的工作票，并履行工作许可手续。

带电作业属于危险性较高工作，对天气和安全措施执行要求较高，且带电作业一般需停用重合闸，对线路的可靠性带来一定的影响。因此，带电作业工作票不准延期。

5.3.10 工作票所列人员的基本条件。

5.3.10.1 工作票签发人应由熟悉人员技术水平、熟悉设备情况、熟悉本规程，并具有相关工作经验的生产领导人、技术人员或经本单位批准的人员担任。工作票签发人员名单应公布。

【解读】工作票签发人承担着重要的安全责任，应熟悉人员技术水平、设备状况、本规程，具有相关电气工作经验，通常由生产领导人、技术人员或经本单位批准的人员担任，并应经过培训，通过技术业务、安全规程等考试合格后方能担任工作票签发人。

工作票签发人每年应该通过安全规程的考试，经本单位批准以后进行公布。

5.3.10.2 工作负责人（监护人）、工作许可人应由有一定工作经验、熟悉本规程、熟悉工作范围内的设备情况，并经工区（车间，下同）批准的人员担任。工作负责人还应熟悉工作班成员的工作能力。

用户变、配电站的工作许可人应是持有效证书的高压电气工作人员。

【解读】工作负责人是指组织、指挥工作班人员完成本项工作任务的责任人员，对工作完成的质量和安全负责。因此，工作负责人除应具备相关岗位技能要求，还应有相关实际工作经验和熟悉工作班成员的工作能力。

工作许可人对许可工作的命令和接地等安全措施的正确性负责。因此，工作许可人应由有一定工作经验、熟悉本规程和设备情况的人员担任。

工作负责人、工作许可人应每年经安全规程考试合格，经工区（车间，下同）批准以后进行公布。

考虑到工作许可人的重要作用，对用户变、配电站的工作许可人也应有资质要求，即应是持有效证书的高压电气工作人员。

5.3.10.3 专责监护人应是具有相关工作经验，熟悉设备情况和本规程的人员。

【解读】专责监护人是指不参与具体工作，专门负责监督作业人员现场作业行为是否符合安全规定的责任人员。

进行危险性大、较复杂的工作，如邻近带电线路、设备，带电作业及夜间抢修等作业，仅靠工作负责人无法监护到位，因此除工作负责人外还应增设监护人。

在带电区域（杆塔）及配电设备附近进行非电气工作时，如刷油漆、绿化、修路等，也应增设监护人。

专责监护人主要监督被监护人员遵守本规程和现场安全措施，及时纠正不安全行为。因此，专责监护人应掌握安全规程，熟悉设备和具有相当的工作经验。

5.3.11 工作票所列人员的安全责任。

5.3.11.1 工作票签发人：

a) 确认工作必要性和安全性。

b) 确认工作票上所填安全措施是否正确完备。

c) 确认所派工作负责人和工作班人员是否适当和充足。

【解读】工作票签发人应根据现场的运行方式和实际情况对工作任务的必要性、安全性，以及采取的停电方式、安全措施等进行确认；审查工作票上所填安全措施是否与实际工作相符且正确完备，以及所派工作负责人及工作班成员配备是否合适等各项内容，各项内容经审核、确认后签发工作票。

5.3.11.2 工作负责人（监护人）：

a) 正确组织工作。

b) 检查工作票所列安全措施是否正确完备，是否符合现场实际条件，必要时予以补充完善。

c) 工作前，对工作班成员进行工作任务、安全措施、技术措施交底和危险点告知，并确认每个工作班成员都已签名。

d) 组织执行工作票所列安全措施。

e) 监督工作班成员遵守本规程、正确使用劳动防护用品和安全工器具以及执行现场安全措施。

f) 关注工作班成员身体状况和精神状态是否出现异常迹象，人员变动是否合适。

【解读】工作负责人是执行工作票工作任务的组织指挥者和安全负责人，负责正确安全地组织现场作业。同时，工作负责人还应负责对工作票所列现场安全措施是否正确、完备，是否符合现场实际条件等方面情况进行检查，必要时还应加以补充完善。

工作许可手续完成后，工作负责人应向工作班成员交待工作内容、人员分工、带电部位和现场安全、技术措施，告知危险点，在每一个工作班成员都已履行签名确认手续后，方可下令开始工作。工作负责人应始终在工作现场，监督工作班成员遵守本规程、正确使用劳动防护用品和安全工器具以及执行现场安全措施，及时纠正工作班成员的不安全行为。

工作负责人在工作前，应关注工作班成员变动是否合适，精神面貌、身体状况是否良好等方面情况。因为变动不合适，工作班成员精神状态、身体状况不佳等因素极有可能引发事故。

5.3.11.3 工作许可人：

a) 审票时，确认工作票所列安全措施是否正确完备，对工作票所列内容发生疑问时，应向工作票签发人询问清楚，必要时予以补充。

b) 保证由其负责的停、送电和许可工作的命令正确。

c) 确认由其负责的安全措施正确实施。

【解读】线路工作有多种许可方式，如值班调控人员许可、工区运维人员许可和工作现场许可等，可能存在工作许可人与工作票签发人兼任，故需工作许可人在受理第一种工作票时，应根据电网实际情况及有关规定审查由其负责的工作票中各项安全措施是否正确完备。工作许可人的主要职责是对许可的线路停电、送电和接地等安全措施是否正确完备负责。故工作许可人应核对由其负责的检修线路的电源全部断开，保证线路停电、送电和操作、许可工作的命令正确无误；审查工作票接地线的数量是否满足要求、挂设的位置是否正确；确认停电线路接地等安全措施已全部实施完成，并与工作票核对无误后，方可向工作负责人发出许可命令。工作许可人对工作票所列内容产生疑问，应向工作票签发人询问清楚，必要时要求作出详细补充。此外，考虑到线路工作的特点，在审查工作票和发出许可工作的命令时需要检查和确认线路各侧的安全措施，由于线路各侧可能属于不同工作许可人，因此每个工作许可人应对自己许可范围内的安全措施负责。

5.3.11.4 专责监护人：

a) 确认被监护人员和监护范围。

b) 工作前，对被监护人员交待监护范围内的安全措施、告知危险点和安全注意事项。

c) 监督被监护人员遵守本规程和执行现场安全措施，及时纠正被监护人员的不安全行为。

【解读】专责监护人应确认自己被监护的人员、监护范围，确保被监护人员始终处于监护之中。

专责监护人在工作前，应向被监护人员交待安全措施，告知危险点和安全注意事项，并确认每一个工作班成员都已知晓。

专责监护人应全程监督被监护人员遵守本规程和现场安全措施，及时纠正不安全行为，从而保证作业安全。

5.3.11.5　工作班成员：

　　a)　熟悉工作内容、工作流程，掌握安全措施，明确工作中的危险点，并在工作票上履行交底签名确认手续。

　　b)　服从工作负责人（监护人）、专责监护人的指挥，严格遵守本规程和劳动纪律，在确定的作业范围内工作，对自己在工作中的行为负责，互相关心工作安全。

　　c)　正确使用施工机具、安全工器具和劳动防护用品。

　　【解读】工作班成员应认真参加班前会、班后会，认真听取工作负责人（或专职监护人）交代的工作任务，熟悉工作内容、工作流程，掌握安全措施，明确工作中的危险点，并履行交底签名确认手续。这是确保作业安全和人身安全的基本要求。

　　工作班成员应自觉服从工作负责人、专职监护人的指挥，严格遵守本规程和劳动纪律；不超越工作负责人、专职监护人确定的工作范围进行工作；对自己在工作中的行为负责，不违章作业，互相关心工作安全。这是作业人员的职责和义务。

　　正确使用施工机具、安全工器具和劳动安全保护用品，并在使用前认真检查。这是作业人员保证安全作业的重要措施。

5.4　工作许可制度。

5.4.1　填用第一种工作票进行工作，工作负责人应在得到全部工作许可人的许可后，方可开始工作。

　　【解读】在线路上工作，许可方式多样，大致分为五种情况：

　　（1）由值班调控人员许可工作负责人。

　　（2）由值班调控人员许可工区运维人员（工区工作许可人），再由工区运维人员许可现场工作负责人。

　　（3）涉及外单位需配合停电线路时，还应得到配合停电线路方的工作许可。

　　（4）配网线路停电检修（施工）作业时，线路运维班完成安全措施后，向检修（施工）工作负责人许可。

（5）持线路或电缆工作票进入变电站或发电厂升压站进行架空线路、电缆、构架上等工作时，除了得到值班调控人员的线路工作许可外，同时还应得到运维人员的许可。

填用第一种工作票进行工作，考虑到各种不同的工作将涉及多层面的许可，故特别强调了工作负责人应在得到全部工作许可人的许可后，方可开始工作。

填用第一种工作票开展工作，工作负责人需要接受多个许可人许可时，接到每个工作许可人工作许可命令时均应在工作票上记录许可人姓名和许可开展工作时间。若值班调控人员许可工作命令通过工区运维人员转达，工区运维人员接受工作许可命令时，也应在工作票上记录许可人姓名和许可时间。

5.4.2 线路停电检修，工作许可人应在线路可能受电的各方面（含变电站、发电厂、环网线路、分支线路、用户线路和配合停电的线路）都已停电，并挂好操作接地线后，方能发出许可工作的命令。

值班调控人员或运维人员在向工作负责人发出许可工作的命令前，应将工作班组名称、数目、工作负责人姓名、工作地点和工作任务做好记录。

【解读】操作接地是指改变电气设备状态的接地（针对 6.2.1 a）～d）条应做的接地），由操作人员负责实施。工作接地是指在操作接地实施后，在停电范围内的工作地点，对可能来电（含感应电）的设备各侧实施的保护性接地。线路处于检修状态（已完成操作接地）后，方能发出许可工作的命令。

此外，明确工作许可人在工作许可前需做的安全措施应包括用户线路和配合停电的线路。同时依据"关于印发《国家电网公司防止电气误操作安全管理规定》的通知"（国家电网安监〔2006〕904号）中规定引入了操作接地的要求，即强调在线路停电作业许可时线路必须在检修状态下，严禁在设备冷备用状态许可工作。

为防止误送电而危及作业人员的人身安全，值班调控人员或运维人员在向工作负责人发出许可工作的命令前，应将工作班组名称、数目、工作负责人姓名、工作地点和工作任务记入记录簿内。

运维人员包括工区工作许可人、线路运维班运维人员、变电站及发电厂运维人员等。

5.4.3 许可开始工作的命令，应通知工作负责人。其方法可采用：

    a)   当面通知。

    b)   电话下达。

    c)   派人送达。

电话下达时，工作许可人及工作负责人应记录清楚明确，并复诵核对无误。对直接在现场许可的停电工作，工作许可人和工作负责人应在工作票上记录许可时间，并签名。

【解读】派人送达许可工作时，许可人与所派人员、所派人员与现场工作负责人之间均应做好书面交接手续，并应签名保存。

当值班调控人员下达电话许可命令时，应进行录音。

5.4.4 若停电线路作业还涉及其他单位配合停电的线路，工作负责人应在得到指定的配合停电设备运维管理单位联系人通知这些线路已停电和接地，并履行工作许可书面手续后，才可开始工作。

【解读】配合停电联系人应事先指定，其他人员不得随意担任。双方履行书面许可手续是为了确保配合停电工作责任明确，有据可查。

5.4.5 禁止约时停、送电。

【解读】约时停电是指在线路（设备）停电检修工作中，工作许可人与工作负责人之间未按照本规程规定的流程办理许可手续，按预先约定时间停电。

约时送电是指在线路（设备）停电检修工作中，工作许可人与工作负责人之间未按照本规程规定的流程办理终结手续，按预先约定时间送电。

约时停电可能会发生线路未停电就进行作业；约时送电可能会造成线路工作尚未结束就对工作的线路送电。此类现象严重危及作业人员和设备的安全，因此，禁止约时停、送电。

5.4.6 填用电力线路第二种工作票时，不需要履行工作许可手续。

【解读】由于不需要改变设备的运行状态，不影响系统的稳定运行，因此填用电力线路第二种工作票时，不需要履行工作许可手续。

5.5 工作监护制度。

5.5.1 工作许可手续完成后，工作负责人、专责监护人应向工作班成员交待工作内容、人员分工、带电部位和现场安全措施、进行危险点告知，并履行确认手续，装完工作接地线后，工作班方可开始工作。工作负责人、专责监护人应始终在工作现场。

【解读】工作负责人得到所有工作许可人的许可后，工作负责人、专责监护人应在工作前向工作班成员交待工作内容、现场安全措施和危险点等。为防止倒送电及感应电，装完工作接地线后，工作班方可开始工作。

履行交底签名确认手续是工作负责人和工作班成员对安全完成本次工作任务的相互确认的过程，是组织措施的最基本要求之一。

由于在高处移动作业、同杆架设的部分线路停电检修作业、邻近或交叉带电线路的停电检修作业、带电作业、起重作业等工作中，均存在各类较大的安全风险。若存在作业人员操作流程及方法不正确、检查不到位、安全措施执行不到位等情况，可能发生人身高空坠落、触电、机械伤害、物体打击、误入带电线路等人身和设备事故。因此，工作负责人、专职监护人应始终在工作现场认真监护，及时纠正不安全的行为。

专责监护人由工作负责人指定，对工作负责人指定的监护范围和监护对象的安全负责。分组工作时，小组负责人就是本小组的监护人。

5.5.2 工作票签发人或工作负责人对有触电危险、施工复杂容易发生事故的工作，应增设专责监护人和确定被监护的人员。

专责监护人不准兼做其他工作。专责监护人临时离开时，应通知被监护人员停止工作或离开工作现场，待专责监护人回来后方可恢复工作。若专责监护人必须长时间离开工作现场时，应由工作负责人变更专责监护人，履行变更手续，并告知全体被监护人员。

【**解读**】工作票签发人或工作负责人对有触电危险、施工复杂容易发生事故的工作，在工作负责人无法全面监护时，应增设专责监护人和确定被监护的人员，确保工作班全体成员始终处于监护之中。如：带电杆塔上作业，邻近交叉跨越及带电线路作业，重要的立、撤杆塔，拆除或更换线路杆塔的主要塔材或主杆，放线、紧线和拆线工作，起重作业等。

"兼做其他工作"将会分散其精力和注意力，将会对被监护人员失去有效监护。因此，专责监护人在进行监护时不准兼做其他工作。专责监护人临时离开时，应通知被监护人员停止工作或离开工作现场，待专责监护人回来后方可恢复工作，以防止对被监护人员的行为失去监护。若专责监护人必须长时间离开工作现场时，应由工作负责人变更专责监护人，履行变更手续，原专责监护人应与新接替的专责监护人就工作任务、安全措施、作业范围、被监护人员等进行交接，并告知全体被监护人员。

5.5.3 工作期间，工作负责人若因故暂时离开工作现场时，应指定能胜任的人员临时代替，离开前应将工作现场交待清楚，并告知工作班成员。原工作负责人返回工作现场时，也应履行同样的交接手续。

若工作负责人必须长时间离开工作现场时，应由原工作票签发人变更工作负责人，履行变更手续，并告知全体作业人员及工作许可人。原、现工作负责人应做好必要的交接。

【解读】工作负责人确需暂时离开工作现场时，应指定能胜任的人员临时担任工作负责人，以保证工作现场始终有人负责。原工作负责人应向临时工作负责人详细交代现场工作情况、安全措施、邻近带电设备等，并移交工作票，同时还应告知工作班成员和通知工作许可人。原工作负责人返回工作现场后，也应与临时工作负责人履行同样的交接手续。临时工作负责人不得代替原工作负责人办理工作转移和工作终结手续。

若作业现场没有胜任临时工作负责人的人员，工作负责人又确需离开现场时，则应将全体工作人员撤出现场，停止工作。

若工作负责人确需长时间离开工作现场，应向原工作票签发人申请变更工作负责人，经同意后，通知工作许可人，由工作许可人将变动的情况记录在工作票"工作负责人变动"一栏内。原工作负责人在离开前应向新担任的工作负责人交待清楚工作任务、现场安全措施、工作班人员情况及其他注意事项等，并告知全体工作班成员。

5.6 工作间断制度。

5.6.1 在工作中遇雷、雨、大风或其他任何情况威胁到作业人员的安全时，工作负责人或专责监护人可根据情况，临时停止工作。

【解读】工作中遇到恶劣气象天气时，可根据具体工作的不同内容和性质，对照本规程 8.1.1、8.3.2、10.17、13.1.2 条规定执行。发生其他威胁工作人员安全的情况时，工作负责人或专责监护人均应果断决定临时停止工作。工作班成员未经工作负责人或专责监护人同意，不得擅自恢复工作。

5.6.2 白天工作间断时，工作地点的全部接地线仍保留不动。如果工作班须暂时离开工作地点，则应采取安全措施和派人看守，不让人、畜接近挖好的基坑或未竖立稳固的杆塔以及负载的起重和牵引机械装置等。恢复工作前，应检查接地线等各项安全措施的完整性。

【解读】白天工作间断时，为了保证工作的连续性，提高工作效率，避免安全措施重复或偏差，工作地点的全部接地线仍保留不动。

如果工作班须暂时离开工作地点，为了防止人、畜接近挖好的基坑、未竖立稳固的杆塔以及负载的起重和牵引机械装置等，危及人员、设备的安全，可采取以下方面措施：

（1）派人进行现场看守。

（2）对作业现场设置安全围栏和警告标志。

（3）未竖立稳固的杆塔以及负载的起重和牵引机械装置等按相关要求做好临锚(将各类缆风、拉线、制动绳等受力绳锁住)、增设后备保护、锁定制动装置等临时安全措施。

恢复工作前，为防止自然环境的影响、人为因素的变化而使现场的安全措施发生改变，从而发生可能伤害人员或损坏设备的情况，所以，应先检查全部接地线是否完好、各类负载的起重和牵引机械装置是否正常等。只有当所有安全措施符合现场安全要求后，方可恢复工作。

5.6.3 填用数日内工作有效的第一种工作票，每日收工时如果将工作地点所装的接地线拆除，次日恢复工作前应重新验电挂接地线。

如果经调度允许的连续停电、夜间不送电的线路，工作地点的接地线可以不拆除，但次日恢复工作前应派人检查。

【解读】为了避免因线路带电、突然来电而危及作业人员的人身安全，因此，每日收工时如果将工作地点所装的接地线拆除，次日恢复工作前应重新验电挂接地线。

线路数日连续停电且工作地点接地线不拆除的工作，考虑到每日工作结束后由于各种外力因素而可能引起接地线脱落、被偷盗，为了保障作业人员的人身安全，故每日恢复工作前，工作负责人均应派人检查工作地点各端的接地线，并确认其完备、连接可靠后，方可下令开始工作。

5.7 工作终结和恢复送电制度。

5.7.1 完工后，工作负责人（包括小组负责人）应检查线路检修地段的状况，确认在杆塔上、导线上、绝缘子串上及其他辅助设备上没有遗留的个人保安线、工具、材料等，查明全部工作人员确由杆塔上撤下后，再命令拆除工作地段所挂的接地线。接地线拆除后，应即认为线路带电，不准任何人再登杆进行工作。

多个小组工作，工作负责人应得到所有小组负责人工作结束的汇报。

【解读】当接地线拆除后，又发现新的缺陷或遗留问题确需登杆塔进行处理时，应按以下规定执行：

（1）若工作负责人未向工作许可人报告工作终结，经工作负责人同意，并重新验电、挂接地线，完成安全措施后，方可登杆塔进行处理。

（2）若工作负责人已向工作许可人报告工作终结，应重新办理工作票手续。

当多个小组进行工作时，工作负责人应得到所有小组负责人工作结束的汇报后，方可向工作许可人报告工作终结，以防止遗漏未结束作业的小组而造成人身、设备事故。

5.7.2 工作终结后，工作负责人应及时报告工作许可人，报告方法如下：

　a）　当面报告。

　b）　用电话报告并经复诵无误。

若有其他单位配合停电线路，还应及时通知指定的配合停电设备运维管理单位联系人。

【解读】采用当面报告时，一并办理工作票终结手续。

采用电话报告时，应对报告情况进行录音。

5.7.3 工作终结的报告应简明扼要，并包括下列内容：工作负责人姓名，某线路上某处（说明起止杆塔号、分支线名称等）工作已经完工，设备改动情况，工作地点所挂的接地线、个人保安线已全部拆除，线路上已无本班组工作人员和遗留物，可以送电。

5.7.4　工作许可人在接到所有工作负责人（包括用户）的完工报告，并确认全部工作已经完毕，所有工作人员已由线路上撤离，接地线已经全部拆除，与记录核对无误并做好记录后，方可下令拆除安全措施，向线路恢复送电。

【解读】"所有工作负责人"是指经同一许可人许可的所有持电力线路第一种工作票作业的各工作班工作负责人。

由同一工作许可人许可多个工作班组工作时，应与各工作负责人确认全部工作已经完毕、核对工作票所列人员与工作负责人汇报撤离人员的数量无误、接地线已全部拆除，与记录簿核对无误，做好记录和录音，再向值班调控人员进行完工报告（若工作许可人为值班调控人员时，该步骤不需执行）。由值班调控人员下令拆除各侧安全措施，向线路恢复送电。

5.7.5　已终结的工作票、事故紧急抢修单、工作任务单应保存一年。

【解读】为便于对工作票、事故紧急抢修单、工作任务单的统计，并对其执行中存在的问题进行分析、总结及采取改进措施，所以应保存一年。

6　保证安全的技术措施

6.1　在电力线路上工作，保证安全的技术措施

　　a）　停电。

　　b）　验电。

　　c）　接地。

　　d）　使用个人保安线。

　　e）　悬挂标示牌和装设遮栏（围栏）。

【解读】配电网系统停电，应由具备操作权限的配电运维人员或检修人员操作。

6.2　停电。

6.2.1　进行线路停电作业前，应做好下列安全措施：

　　a）　断开发电厂、变电站、换流站、开闭所、配电站（所）（包括用户设备）等线路断路器（开关）和隔离开关（刀闸）。

　　b）　断开线路上需要操作的各端（含分支）断路器（开关）、隔离开关（刀闸）和熔断器。

　　c）　断开危及线路停电作业，且不能采取相应安全措施的交叉跨越、平行和同杆架设线路（包括用户线路）的断路器（开关）、隔离开关（刀闸）和熔断器。

　　d）　断开可能返电的低压电源的断路器（开关）、隔离开关（刀闸）和熔断器。

【解读】停电是指对电气设备供电电源进行隔离操作的过程，是将需要停电设备与电源可靠隔离，包括工作线路和配合停电线路的停电操作。具体需要断开：发电厂、变电站（开闭所）等线路电源侧断路器（开关）、隔离开关（刀闸）；电力线路中间

分段或分支线断路器（开关）、隔离开关（刀闸）和熔断器；影响停电检修线路作业安全，需要配合停电线路的断路器（开关）、隔离开关（刀闸）和熔断器；可能从低压电源向高压线路返回高压电源的断路器（开关）、隔离开关（刀闸）或熔断器。

可能返电的低压电源（即可能从低压电源侧向高压侧返送电）系指：低压电源通过变压器或电压互感器等有改变电压功能的设备低压侧，向已停电的电力线路或设备送出高压电源。主要原因是用户从多个电源系统获取电源、有自备发电机等，当主供电电源停电后，未将用户系统与供电系统断开，低压电源从变压器或电压互感器低压侧向停电设备送出高压电源。

6.2.2　停电设备的各端，应有明显的断开点，若无法观察到停电设备的断开点，应有能够反映设备运行状态的电气和机械等指示。

【解读】设备上的明显断开点是指符合相应电压等级电气安全距离、隔离可靠、可见的电气断开点。本条强调明显断开点是为避免设备停电检修时，由于断路器（开关）操作连杆损坏、触头熔融粘连或绝缘击穿等原因出现断路器（开关）不能有效隔离电源，而导致停电设备带电。

电力系统中使用的铠装组合式电气设备和箱式配电设备，设备的断开点无法直接观察到，为准确地判断停电操作结果，可通过安装在设备上的电气和机械指示来确认。对配电系统中只有机械指示等单信号源的设备，如柱上断路器（开关），应在操作前后均采用直接验电的方式补充确认。

6.2.3　可直接在地面操作的断路器（开关）、隔离开关（刀闸）的操动机构（操作机构）上应加锁，不能直接在地面操作的断路器（开关）、隔离开关（刀闸）应悬挂标示牌；跌落式熔断器的熔管应摘下或悬挂标示牌。

【解读】可直接在地面操作的设备系指作业人员不需要借助工器具，站在地面即可操作的设备，该类设备操作部位加挂机械锁是为强制闭锁操作机构，以防止误操作；不能直接在地面操作的设备系指需要借助操作工具才能完成操作的设备，在该类设备可操作处悬挂标示牌，提醒操作人员该设备不得擅自操作，以防向停电检修设备或工作区域送电，而导致人身触电。

跌落式熔断器停电操作需要将保险管拉开，同时因跌落式熔断器安装松动或熔丝熔断都会造成保险管跌落（与拉开结果相同），将跌落式熔断器的保险管摘下或悬挂标示牌，防止停电检修中其他人员误认为跌落式熔断器保险管自跌落而误送电。

6.3 验电。

6.3.1 在停电线路工作地段接地前，应使用相应电压等级、合格的接触式验电器验明线路确无电压。

直流线路和 330kV 及以上的交流线路,可使用合格的绝缘棒或专用的绝缘绳验电。验电时，绝缘棒或绝缘绳的金属部分应逐渐接近导线，根据有无放电声和火花来判断线路是否确无电压。验电时应戴绝缘手套。

【解读】验电器是检验电气设备上是否存在工作电压的工器具。电力线路停电检修装设接地线前，在装设接地线处对线路的三相分别验电检验设备是否已停电。验电器设有启动电压门槛值，当验电器标称工作电压与被检验的线路工作电压相同时，才能准确地反映出被检测线路是否带有电压；不同电压等级验电器绝缘操作杆的有效长度不同，为保证验电操作中的人身安全，应选用与被试设备电压等级相同的接触式验电器。

合格验电器应具备以下条件：在定期试验有效期内、外观完好、绝缘部分无脏污、工作部分声光反映正确完好、在有电设备上试验指示正确等。

使用带金属部分的绝缘杆或绝缘绳代替验电器验电时，绝缘杆和绝缘绳的最小有效绝缘长度应符合本规程表6的要求，绝缘杆和绝缘绳应按带电作业工器具进行保管。

戴绝缘手套可以防止验电器绝缘杆表面泄漏电流造成人身伤害。

6.3.2 验电前，应先在有电设备上进行试验，确认验电器良好；无法在有电设备上进行试验时，可用工频高压发生器等确证验电器良好。

验电时人体应与被验电设备保持表 3 规定的距离，并设专人监护。使用伸缩式验电器时应保证绝缘的有效长度。

【解读】 验电时应使用相应电压等级（即验电器的工作电压应与被测设备的电压相同）、接触式的验电器，使用前应对验电器进行检查。

声光验电器是检验 50Hz 正弦交流电杂散电容电流的电容型验电器，部分验电器的"自检按钮"都只能检测部分回路，即不能检测全回路。因此，不能以按验电器"自检按钮"，发出"声、光"信号作为验电器完好的唯一依据。只有在有电设备上进行验电操作，确证验电器是否良好才是最可靠的。

当无法在有电设备上进行试验时，可采用工频高压发生器（即 50 周、正弦波的高压发生器）确证验电器良好，与电容型验电器工作原理及使用环境一致，不得采用中频、高频信号发生器确证验电器的良好。

验电时应将被验设备视为带电设备，虽然已知设备确已停电，但仍应认为随时有送电的可能，作业人员应与被验设备保持相应的安全距离。伸缩式绝缘棒验电器的绝缘杆应全部拉出，以保证达到足够的安全距离。

6.3.3 对无法进行直接验电的设备和雨雪天气时的户外设备，可以进行间接验电。即通过设备的机械指示位置、电气指示、带电显示装置、仪表及各种遥测、遥信等信号的变化来判断。判断时，至少应有两个非同样原理或非同源的指示发生对应变化，且所有这些确定的指示均已同时发生对应变化，才能确认该设备已无电。以上检查项目应填写在操作票中作为检查项。检查中若发现其他任何信号有异常，均应停止操作，查明原因。若进行遥控操作，可采用上述的间接方法或其他可靠的方法进行间接验电。

【解读】GIS（组合电器）或一些具有网门开启与接地连锁功能的高压开关柜、环网柜等电气设备，无法进行直接验电，而这些设备在合接地刀闸（装置）、装设接地线前均应验电。此时，可以采用间接方式进行验电。间接验电是通过设备的机械指示位置、电气指示、带电显示装置、电压表、ZnO（氧化锌）避雷器在线检测的电流表及各种遥测、遥信等信号的变化来判断设备是否有电。判断时，应有两个及以上非同样原理或非同源的指示发生对应变化（各省、市公司可根据装置情况确定可靠的若干个、至少各一个非同样原理或非同源的指示），且这些确定的所有指示均已同时发生对应变化，才能确认该设备已无电。间接验电作为一些设备或特定条件时的验电方式，应具体写入操作票内。判断时一般只检查了两个或三个指示发生了对应变化，实际还有几个其他指示也发生了变化，若发现应该发生变化而没有变化或变化的不对，则应停止操作，查明原因后，才能继续操作。

6.3.4 对同杆塔架设的多层电力线路进行验电时，应先验低压、后验高压，先验下层、后验上层，先验近侧、后验远侧。禁止作业人员穿越未经验电、接地的10（20）kV线路及未采取绝缘措施的低压带电线路对上层线路进行验电。

线路的验电应逐相（直流线路逐极）进行。检修联络用的断路器（开关）、隔离开关（刀闸）或其组合时，应在其两侧验电。

【解读】先低后高、先下后上、先近后远的验电顺序，是按照同杆塔架设的多层导线分布形式以及作业时确保人体与未验明无电导线的安全距离来确定，以防止验电中发生人身触电。

10kV及以下线路的相间距离较小，作业人员穿越未采取措施如经验电、接地的10kV线路或采取绝缘隔离措施的低压线路时存在人身触电的危险。因此，10kV 及以下电压等级的带电线路禁止穿越。

逐相验电是防止由于断路器（开关）不能将三相可靠断开，导致线路带电或由于线路平行、邻近、交叉跨越等时，可能出现导线碰触造成线路一相或三相带电。

联络用断路器（开关）和隔离开关（刀闸）或其组合断开后，其两侧即变成电气上互不相连的两个电气连接部分，因此验电应在其两侧分别进行。

6.4　接地。

6.4.1　线路经验明确无电压后，应立即装设接地线并三相短路（直流线路两极接地线分别直接接地）。

各工作班工作地段各端和工作地段内有可能反送电的各分支线（包括用户）都应接地。直流接地极线路，作业点两端应装设接地线。配合停电的线路可以只在工作地点附近装设一组工作接地线。装、拆接地线应在监护下进行。

工作接地线应全部列入工作票，工作负责人应确认所有工作接地线均已挂设完成方可宣布开工。

【解读】接地可防止检修线路、设备突然来电；消除邻近高压带电线路、设备的感应电；还可以放尽断电线路、设备的剩余电荷。三相短路的作用是：当发生检修线路、设备突然来电时，短路电流使送电侧继电保护动作，断路器（开关）快速跳闸切断电源；同时，使残压降到最低程度，以确保检修线路、设备上作业人员的人身安全。此外，在需接地处验电，确认接地设备和接地部位无电后应立即接地，如果间隔时间过长，就可能发生意外的情况（如停电设备突然来电）而造成事故。

各工作班工作地段各端和工作地段内有可能反送电的分支线装设接地线，目的是保证作业人员始终在接地线保护范围内工作。

三相短路不接地时，虽然继电保护装置能够正确动作，但不能保证工作线路在地电位。三相接地不短路时由于接地点的电位差可能导致人员触电。

配合停电的线路处于检修状态下，为防止其误送电或感应电伤害，可以只在工作地点附近装设一处工作接地线。

为了保证接地前正确验电和装设位置正确，装设接地线时应设监护人加以监督。

由于各班组的工作进度不同，且线路作业工作地段相对较长，为防止本班组人员失去接地线保护或感应电伤害，各工作班组在工作地段两端应分别装设接地线。工作负责人在接到所有工作小组汇报后才能确认工作地段在接地线保护中，此时宣布开工，可防止作业人员意外触电事故。

配电系统中当操作接地与工作接地装设位置重复时可共用一组接地线。操作接地线由操作人员装拆，许可工作的同时由工作许可人移交工作负责人，纳入工作接地线管理，工作终结时工作负责人将接地线管理移交给工作许可人。

6.4.2 禁止工作人员擅自变更工作票中指定的接地线位置。如需变更，应由工作负责人征得工作票签发人同意，并在工作票上注明变更情况。

【解读】擅自变动接地线位置，将造成接地线位置与工作票要求不一致，工作终结时工作负责人按工作票进行现场接地线核对时，易出现漏拆接地线的情况，从而导致带接地线误送电事故的发生。工作过程中擅自变动接地线位置，将导致检修人员失去接地线保护。

工作票签发人对现场的安全措施负责，变动接地线时通知工作票签发人是增加一层对现场安全措施把关环节。

6.4.3 同杆塔架设的多层电力线路挂接地线时，应先挂低压、后挂高压，先挂下层、后挂上层，先挂近侧、后挂远侧。拆除时顺序相反。

【解读】多回线路同杆架设，在装拆接地线的操作中，验明线路无电时应立即按操作过程中作业人员与导线接近、接触的先后顺序，即先低后高和先下后上的导线排列位置、先近后远的作业人员与导线之间的关系来装设接地线，防止装设中发生突然来电或感应而造成作业人员触电。

6.4.4 成套接地线应由有透明护套的多股软铜线和专用线夹组成，其截面积不准小于 25mm²，同时应满足装设地点短路电流的要求。

禁止使用其他导线接地或短路。

接地线应使用专用的线夹固定在导体上，禁止用缠绕的方法进行接地或短路。

【解读】接地线采用多股软铜线是因为铜线导电性能好，软铜线由多股细铜丝绞织而成，既柔软又不易折断，使接地线操作、携带较为方便。禁止使用其他导线作接地线或短路线。软铜线外包塑料护套，具备对机械、化学损伤的防护能力；采用透明护套，以便观测软铜线的受腐蚀情况或软铜线表面的损坏迹象。

接地线是保护作业人员人身安全的一道防线，发生突然来电时，接地线将流过短路电流，因此除应满足装设地点短路电流的要求外，还应满足机械强度的要求，25mm² 截面的接地线只是规定的最小截面。当接地线悬挂处的短路电流超过它的熔化电流时，突然来电的短路电流将熔断接地线，使检修设备失去接地保护。

携带型短路接地线的截面可采用奥迪道克公式验算，接地线为铜纹线，溶化温度取 1083℃。

（1）若环境温度为 40℃，则接地线熔化电流为

$$I_{\mathrm{m}} = 283.6S / \sqrt{t} \tag{6-1}$$

式中　I_m——熔化电流，A；

　　　S——携带型短路接地线的截面，mm^2；

　　　t——接地线承受额定短路电流的时间，s。

携带型短路接地线的截面为

$$S = I_\mathrm{m}\sqrt{t}\,/283.6 \qquad (6\text{-}2)$$

因 $I_\mathrm{m} > I \times$（1.08～1.15），可以得到

$$S \geqslant I\sqrt{t}\,/(262.6\text{～}246.6) \qquad (6\text{-}3)$$

式中　I——接地线承受的额定短路电流，A。

（2）若环境温度为 0℃，则接地线熔化电流为

$$I_\mathrm{m} = 297.6S\sqrt{t} \qquad (6\text{-}4)$$

携带型短路接地线的截面为

$$S = I_\mathrm{m}\sqrt{t}\,/297.6 \geqslant I\sqrt{t}\,/(275.5\text{～}258.8) \qquad (6\text{-}5)$$

从上述计算结果可看出，携带型短路接地线的截面与温度变化关系不大，主要取决于接地线承受的短路电流和时间。

接地线承受额定短路电流的时间 t 可取主保护动作时间，加断路器（开关）固有动作时间。应根据装设地点的短路容量计算 I，再对 S 进行验算，验算时可不考虑合环运行方式下的最大短路容量。

一组接地线中，短路线和接地线的截面均不得小于 $25\mathrm{mm}^2$。对于直接接地系统，接地线应该与相连的短路线具有相同的截面；对于非直接接地系统，接地线的截面可小于短路线的截面。

接地线的两端线夹应保证接地线与导体和接地装置接触良好、拆装方便，有足够的机械强度，在大短路电流通过时不致松动。

用缠绕的方法进行接地或短路时，一是接触不良，在流过短路电流时会造成过早的烧毁；二是接触电阻大，在流过短路电流时会产生较大的残压；三是缠绕不牢固，易脱落。

6.4.5 装设接地线时，应先接接地端，后接导线端，接地线应接触良好、连接应可靠。拆接地线的顺序与此相反。装、拆接地线导体端均应使用绝缘棒或专用的绝缘绳。人体不准碰触接地线和未接地的导线。

【解读】装设接地线时应先接接地端后接导线端；拆除接地线时应先拆导线端，后拆接地端，整个过程中，应确保接地线始终处于安全的"地电位"。

接地线接触不良接触电阻增大，当线路突然来电时，将会使接地线残压升高，发热烧断，从而使作业人员失去保护。

装设接地线时应安装可靠，防止工作中接地线脱落，导致工作线路失去接地线保护。

装、拆接地线应使用绝缘棒或专用的绝缘绳，以保证装拆人员的人身安全。装、拆过程中，由于可能发生突然来电或在有电线路和设备上误挂接地线、停电设备有剩余电荷、邻近高压带电线路、设备对停电线路、设备产生感应电压等情况，因此人体不得触碰接地线或未接地的导线。

6.4.6 在杆塔或横担接地良好的条件下装设接地时，接地线可单独或合并后接到杆塔上，但杆塔接地电阻和接地通道应良好。杆塔与接地线连接部分应清除油漆，接触良好。

【解读】杆塔接地通道系指从杆塔横担接地点至杆塔接地网之间的通道。杆塔接地通道良好系指低阻值导通。铁塔由金属材料组装而成，是良好的导电体，能满足短路和接地的要求，因此允许每相分别接地，此时三相短路接地回路是由单相接地线、横担、杆塔、接地点构成。

清除杆塔上接地点处油漆可以降低接地线与杆塔的接触电阻。

6.4.7 无接地引下线的杆塔，可采用临时接地体。临时接地体的截面积不准小于 190mm^2（如 $\phi 16$ 圆钢）、埋深不准小于 0.6m。

对于土壤电阻率较高地区，如岩石、瓦砾、沙土等，应采取增加接地体根数、长度、截面积或埋地深度等措施改善接地电阻。

【解读】无法通过杆塔接地引下线和接地极连接时可采用临时接地体接地，临时接地体埋设的截面积和深度与其接地电阻值直接相关，减小接地体电阻可减少在导线上存在残压的电压值。

当土壤电阻率过高时，可采取增加临时接地体与土壤接触面积等措施来提高电流泄放速度。

城市道路旁边的杆塔，为保证需要使用临时接地体时能够有效接地，应在线路建设时设立相应的临时接地体，以便于停电检修时装设接地线。

6.4.8　在同杆塔架设多回线路杆塔的停电线路上装设的接地线，应采取措施防止接地线摆动，并满足表 3 安全距离的规定。

断开耐张杆塔引线或工作中需要拉开断路器（开关）、隔离开关（刀闸）时，应先在其两侧装设接地线。

【解读】在同杆塔架设多回路的杆塔上装、拆接地线过程中，接地线尾线由于摆动接近其他带电线路，可造成人身伤害和线路跳闸，因此，应注意控制接地线的尾部或采取其他措施，防止接地线摆动接近带电导线至本规程表 3 规定的距离以内。

断开耐张杆塔引线或工作中拉开断路器（开关）后，线路电气上分成不相关联的两个区段，如果该区段内有分支线等就可能反送电或有感应电存在，因此，断开前应在断开点两侧装设接地线。

6.4.9　电缆及电容器接地前应逐相充分放电，星形接线电容器的中性点应接地，串联电容器及与整组电容器脱离的电容器应逐个多次放电，装在绝缘支架上的电容器外壳也应放电。

【解读】停电后，电缆及电容器仍有较多的剩余电荷，应逐相充分放电后再短路接地。停电的星形接线电容器即使已充分放电及短路接地，由于其三相电容不可能完全相同，中性点仍存在一定的电位，所以，星形接线电容器的中性点应另外接地。与整组电容器脱离的电容器（如熔断器熔断）和串联电容器无法通过放电装置放尽剩余电荷，由于电容器的剩余电荷一次无法放尽，因此，应逐个多次放电。装在绝缘支架上的电容器外壳会感应到一定的电位，绝缘支架无放电通道，也应单独放电。

6.5 使用个人保安线。

6.5.1 工作地段如有邻近、平行、交叉跨越及同杆塔架设线路，为防止停电检修线路上感应电压伤人，在需要接触或接近导线工作时，应使用个人保安线。

【解读】使用个人保安线是防止作业人员感应电触电的措施。为防止感应电对作业人员造成触电伤害，工作中需要接触或接近导线前应先装设个人保安线。110kV（66kV）及以上电压等级线路由于线间距离相对较大，作业中难以同时接触相邻相，个人保安线可使用单相式。35kV及以下线路由于相间距离比较小，作业过程中容易接近或碰触两相或者三相导线，个人保安线一般使用三相式。

6.5.2 个人保安线应在杆塔上接触或接近导线的作业开始前挂接，作业结束脱离导线后拆除。装设时，应先接接地端，后接导线端，且接触良好，连接可靠。拆个人保安线的顺序与此相反。个人保安线由作业人员负责自行装、拆。

【解读】个人保安线应在人体接触、接近导线前装设，脱离导线后拆除，以防止作业人员受到感应电伤害。先接接地端后接导线端，确保它及时发挥保护作用。接触良好、连接可靠，目的是减小接触电阻和防止脱落。由操作者自装自拆是明确责任，防止漏装、漏拆。

6.5.3 个人保安线应使用有透明护套的多股软铜线，截面积不准小于 16mm^2，且应带有绝缘手柄或绝缘部件。禁止用个人保安线代替接地线。

【解读】个人保安线主要用于泄放感应电流而不是短路电流，因此个人保安线截面积可以相对较小，为满足热稳定和机械性能要求，个人保安线的截面积应不小于 16mm^2。使用带有绝缘柄和绝缘部件的保安线，是为了满足安全距离，防止感应电伤人。个人保安线截面选择时未考虑承受短路电流能力，因此不能替代接地线使用。

6.5.4 在杆塔或横担接地通道良好的条件下，个人保安线接地端允许接在杆塔或横担上。

【解读】参照 6.4.6 的解读。

6.6 悬挂标示牌和装设遮栏（围栏）。

6.6.1 在一经合闸即可送电到工作地点的断路器（开关）、隔离开关（刀闸）及跌落式熔断器的操作处，均应悬挂"禁止合闸，线路有人工作！"或"禁止合闸，有人工作！"的标示牌（见附录 J）。

【解读】在断路器（开关）和隔离开关（刀闸）的操作把手上悬挂"禁止合闸，有人工作！"的标示牌，是禁止任何人员在这些设备上操作，因这些设备一经合闸可能误送电到工作地点。

当线路有人工作时，则应在线路断路器（开关）和隔离开关（刀闸）的操作把手上及跌落式熔断器的操作处悬挂"禁止合闸，线路有人工作！"的标示牌。禁止任何人员在这些设备上操作，以防向有人工作的线路误送电。

6.6.2 进行地面配电设备部分停电的工作，人员工作时距设备小于表 1 安全距离以内的未停电设备，应增设临时围栏。临时围栏与带电部分的距离，不准小于表 2 的规定。临时围栏应装设牢固，并悬挂"止步，高压危险！"的标示牌。

35kV 及以下设备可用与带电部分直接接触的绝缘隔板代替临时遮栏。绝缘隔板绝缘性能应符合附录 L 的要求。

表1 设备不停电时的安全距离

电压等级 kV	安全距离 m
10 及以下	0.70
20、35	1.00
66、110	1.50
注：表中未列电压应选用高一电压等级的安全距离，表2同。	

表2 工作人员工作中正常活动范围与带电设备的安全距离

电压等级 kV	安全距离 m
10 及以下	0.35
20、35	0.60
66、110	1.50

【解读】进行地面配电设备部分停电的工作，为防止作业人员接近邻近带电部分，对距离小于本规程表1规定安全距离的未停电设备，应在工作地点和带电部分之间装设临时遮栏（围栏），遮栏上悬挂"止步，高压危险！"的标示牌，临时遮栏与带电部分之间距离不得小于本规程表2的规定数值，防止作业人员接触或接近带电间隔。

对于35kV 及以下的带电设备，有时因需要用绝缘隔板将工作地点和带电部分之间隔开，绝缘隔板可与带电部分直接接触。该绝缘隔板的绝缘性能和机械强度应符合要求，并安装牢固，作业人员不得直接碰触绝缘隔板，装、拆绝缘隔板时应使用绝缘工具。绝缘隔板只允许在35kV 及以下的电气设备上使用，并应有足够的绝缘和机械强度。绝缘隔板使用前应检查。绝缘隔板平时应放置在干燥通风的支架上。

> 注： 1. 本规程表 1 之设备不停电时的安全距离，采用 GB 26860—2011
> 《电力安全工作规程 发电厂和变电所电气部分》中表 1 的规定。
>
> 2. 本规程表 2 之工作人员工作中正常活动范围与带电设备的安
> 全距离，采用 GB 26860—2011《电力安全工作规程 发电厂
> 和变电站电气部分》中表 2 的规定。

6.6.3 在城区、人口密集区地段或交通道口和通行道路上施工时，工作场所周围应装设遮栏（围栏），并在相应部位装设标示牌。必要时，派专人看管。

【解读】线路作业装设围栏是防止非作业人员进入作业现场导致人身伤害。在装设围栏后不能有效阻止行人和车辆时应安排专人进行看管，防止其意外进入。

6.6.4 高压配电设备做耐压试验时应在周围设围栏，围栏上应向外悬挂适当数量的"止步，高压危险！"标示牌。禁止工作人员在工作中移动或拆除围栏和标示牌。

【解读】高压配电设备做耐压试验时，设置围栏是防止人员误入带电设备的区域。现场设置的围栏应将被试设备周围设置成禁止人员接近的封闭区域，并向围栏外悬挂"止步，高压危险！"的标示牌。试验围栏应按相应电压等级的安全距离进行设置。工作中未经许可不准移动或改变其距离，因为一旦移动或安全距离减小将起不到警示和保护作用。

7 线路运行和维护

7.1 线路巡视。

7.1.1 巡线工作应由有电力线路工作经验的人员担任。单独巡线人员应考试合格并经工区批准。在电缆隧道、偏僻山区和夜间巡线时应由两人进行。汛期、暑天、雪天等恶劣天气巡线，必要时由两人进行。单人巡线时，禁止攀登电杆和铁塔。

地震、台风、洪水、泥石流等灾害发生时，禁止巡视灾害现场。灾害发生后，如需要对线路、设备进行巡视时，应制定必要的安全措施，得到设备运维管理单位批准，并至少两人一组，巡视人员应与派出部门之间保持通信联络。

【解读】线路巡视是为了能够及时了解线路的运行情况，并作出正确的判断和提出处理意见，且巡视工作具有一定的危险性。因此，线路巡视工作应由具有电力线路运行经验的人担任。单独巡线人员应经线路运行知识和安全规程等考试合格后，经工区批准公布。

因电缆隧道、偏僻山区和夜间巡线的工作环境和安全状况差，巡线应至少由两人进行，以便互相监护、彼此照应。同时，因各地区之间差异较大，各运行单位应根据各自线路的交通环境、人员居住的稠密度等特点，对各线路进行评估，明确偏僻山区区段，并规定巡线时应至少两人进行。

单人巡线时，为了防止发生人身触电和高空坠落事故，禁止攀登电杆和铁塔。

为确保人身安全，地震、台风、洪水、泥石流等灾害发生时，禁止巡视灾害现场。

若确需在灾害发生之后对线路进行巡视，巡视前，应充分考虑各种可能发生的情况，如发生新的次生灾情、道路交通安全、登山（杆塔）防滑或防倒杆等，应向当地相关部门了解灾情发展情况，并制定相应的安全措施（如配备救生衣、防滑靴、防寒服等）和巡视路线，经设备运维管理单位批准后方可开始巡线。巡视应至少两人一组，巡视过程中，应使用通信设备随时与派出部门之间保持联络。

7.1.2 正常巡视应穿绝缘鞋；雷雨、大风天气或事故巡线，巡视人员应穿绝缘鞋或绝缘靴；汛期、暑天、雪天等恶劣天气和山区巡线应配备必要的防护用具、自救器具和药品；夜间巡线应携带足够的照明工具。

【解读】雷雨、大风天气或线路事故巡线，在线路遭受直击雷或感应雷、故障接地时，均会在线路下方及杆塔周围地面产生跨步电压，故应要求巡视人员穿绝缘靴或绝缘鞋。

恶劣天气和山区巡线时，因作业环境较差，巡视人员可能发生溺水、中暑、动物伤人等情况，故应配备必要的防护用具、自救器具和药品。巡视人员应根据不同的作业环境，携带对应的防护用具、自救器具和药品。

夜间巡视，为了确保巡视人员能够看清巡视道路及周围环境，及时发现线路各连接点发热、绝缘子污秽泄漏放电等隐患和异常现象，应携带足够的照明灯具，并确保足够的照明时间和强度。

7.1.3 夜间巡线应沿线路外侧进行；大风时，巡线应沿线路上风侧前进，以免万一触及断落的导线；特殊巡视应注意选择路线，防止洪水、塌方、恶劣天气等对人的伤害。巡线时禁止汹渡。

事故巡线应始终认为线路带电。即使明知该线路已停电，亦应认为线路随时有恢复送电的可能。

【解读】夜间巡视能见度较差，若巡线人员在导线下方及内侧区域行走，遇导线断落地面或悬挂在空中时，将可能触及带电导线或进入导线接地点的危险区内，故夜间巡线时应沿线路外侧进行。同样，大风巡线时，为避免巡视人员意外碰触断落悬挂空中的带电导线或步入导线断落地面接地点的危险区，巡线应沿线路上风侧前进。

在恶劣环境中进行特殊巡视，洪水、塌方等自然灾害会对原有的巡视道路及线路走廊造成破坏，巡视人员应事先拟定好安全巡视路线，以免危及人身安全。巡线时，可能会遇有河流或小溪阻隔，为避免巡视人员贪图方便选择涉河或淌溪而发生溺淹事故，禁止泅渡。

事故巡线时，巡视人员即使明知该线路已停电，但因随时有强送电或试送电的可能，故应始终认为线路带电，使人体与导线始终保持足够的安全距离。

7.1.4 巡线人员发现导线、电缆断落地面或悬挂空中，应设法防止行人靠近断线地点 8m 以内，以免跨步电压伤人，并迅速报告调控人员和上级，等候处理。

【解读】当导线、电缆断落地面，落地点的电位就是导线的电位。电流从落地点流入大地，电流向四周扩散时，形成不同的电位梯度，在距落地点 8 米以内会造成跨步电压触电伤害。因此，巡线人员发现导线、电缆断落地面或悬挂空中时，应始终在现场守候，防止行人靠近导线落地点 8 米以内，并迅速报告值班调控人员和上级，等候处理。若接到群众报告时，应立即派人到现场进行看守，并设置围栏。若有人员在跨步电压危险区内时，可以采取双脚并拢或独脚跳离危险区。

7.1.5 进行配电设备巡视的人员，应熟悉设备的内部结构和接线情况。巡视检查配电设备时，不准越过遮栏或围墙。进出配电设备室（箱）应随手关门，巡视完毕应上锁。单人巡视时，禁止打开配电设备柜门、箱盖。

【解读】因配电设备种类多、结构复杂、空间狭窄，巡视配电设备的人员应熟悉其内部结构和接线情况。巡视检查配电设备时，为避免巡视人员与带电设备安全距离不足或误碰带电设备而造成触电伤害，故不准擅自越过遮栏或围墙。为防止无关人员进入配电室误动设备、小动物串入配电室等情况而发生意外，巡视人员进出配电设备室（箱）时，应随手关门，巡视完毕后应及时上锁。

因配电设备空气间隙较小，柜门、箱盖打开后安全距离无法保证。单人巡视时，禁止巡视人员打开配电设备柜门、箱盖。

7.2 倒闸操作。

7.2.1 倒闸操作应使用倒闸操作票（见附录 I）。倒闸操作人员应根据调控人员（运维人员）的操作指令（口头、电话或传真、电子邮件）填写或打印倒闸操作票。操作指令应清楚明确，受令人应将指令内容向发令人复诵，核对无误。发令人发布指令的全过程（包括对方复诵指令）和听取指令的报告时，都要录音并做好记录。

事故紧急处理和拉合断路器（开关）的单一操作可不使用操作票。

【解读】线路倒闸操作主要是变更线路及配电设备中装设的断路器（开关）、隔离开关（刀闸）、跌落式熔断器等设备的状态。目的是改变电网运行方式或对部分停电检修的线路采取安全隔离措施。

操作票是进行倒闸操作的书面依据。操作人员是倒闸操作的执行者，操作票的正确与否对其自身的人身安全有着至关重要的作用。因此，倒闸操作应填用操作票，禁止无票操作。倒闸操作由操作人员根据值班调控人员（运维人员）的指令填写，操作人员填写操作票的过程是熟悉倒闸操作内容和操作顺序的过程。

倒闸操作应根据值班调控人员（运维人员）的操作指令进行。

（1）为了防止因误发、误接调度指令而造成误操作事故，要求发布和接受指令时应准确、清晰，使用规范的调度术语和设备名称，双方互报单位和姓名。接受操作指令者，应记录指令内容和发布指令时间。接令完毕，应将记录的全部内容向值班调控人员（运维人员）复诵一遍，并得到值班调控人员（运维人员）认可。

（2）发布和接受指令，值班调控人员（运维人员）与操作人员（包括监护人）应了解操作目的和操作顺序，以避免误操作，应全过程做好录音以备核查。

（3）操作人员（包括监护人）对操作指令有疑问时，应向值班调控人员（运维人员）询问清楚无误后执行。如果认为该操作指令不正确时，应向值班调控人员（运维人员）报告，由值班调控人员（运维人员）决定原调度指令是否执行。当执行某项操作指令可能威胁人身、设备安全或直接造成停电事故时，应当拒绝执行，并将拒绝执行指令的理由报告值班调控人员（运维人员）和本单位领导。

事故紧急处理和拉合断路器（开关）的单一操作，可不填写操作票，但操作应以值班调控人员（运维人员）的指令为依据，并严格执行现场运行规程的规定，事后应做好记录。

7.2.2 操作票应用黑色或蓝色钢（水）笔或圆珠笔逐项填写。用计算机开出的操作票应与手写格式票面统一。操作票票面应清楚整洁，不准任意涂改。操作票应填写设备双重名称。操作人和监护人应根据模拟图或接线图核对所填写的操作项目，并分别手工或电子签名。

【解读】操作前，应根据值班调控人员（运维人员）下达的指令，按安全规程、现场运行规程、典型操作票要求核对模拟图，将操作项目按先后顺序填写成操作票。

操作顺序应根据值班调控人员（运维人员）指令，参照典型操作票逐项进行填写。填写操作票应使用规范的调度术语，并严格按照现场一、二次设备标示牌实际命名填写设备的双重名称。

为了对操作票进行规范管理，计算机开出的操作票应与手写票面统一。操作票填写应用黑色或蓝色的钢（水）笔或圆珠笔，字迹要工整、清楚，票面应清楚整洁，不得任意涂改。个别错漏字须修改时，字迹应清楚，但操作动词、设备名称和编号不得涂改，以防止操作过程中因操作票票面不清、名称不全等原因造成误操作事故。

操作人和监护人应对照模拟图或接线图核对所填写的操作项目，以防止或纠正操作票的错误。核对过程中发现问题，应重新核对值班调控人员（运维人员）指令及操作任务和操作项目。若操作票存在问题，应重新填写操作票。操作人和监护人对操作票审核正确无误后，分别进行手工或电子签名，电子签名应确保其唯一性，设置必要的权限。

7.2.3 倒闸操作前，应按操作票顺序在模拟图或接线图上预演核对无误后执行。

操作前、后，都应检查核对现场设备名称、编号和断路器（开关）、隔离开关（刀闸）的分、合位置。电气设备操作后的位置检查应以设备实际位置为准，无法看到实际位置时，应通过间接方法，如设备机械指示位置、电气指示、带电显示装置、仪表及各种遥测、遥信等信号的变化来判断。判断时，至少应有两个非同样原理或非同源的指示发生对应变化，且所有这些确定的指示均已同时发生对应变化，方可确认该设备已操作到位。以上检查项目应填写在操作票中作为检查项。检查中若发现其他任何信号有异常，均应停止操作，查明原因。若进行遥控操作，可采用上述的间接方法或其他可靠的方法判断设备位置。

【解读】 倒闸操作人员和监护人在倒闸操作前，为保证操作票上所列的操作项目和操作顺序的准确性，应先在符合现场实际的模拟图或接线图上进行操作预演，经核对无误后，方可进行实际操作。操作项目中的接地线应在模拟图或接线图上进行明显的标注。

为进一步确证模拟图或接线图与实际相符，确保操作整个流程正确顺利，防止电气设备因机械故障影响操作质量，在倒闸操作的前、后，操作人和监护人都应仔细检查核对现场设备名称、编号和断路器（开关）、隔离开关（刀闸）的断、合位置。

为防止电气设备操作后发生漏检查、误判断而造成误操作事故，电气设备操作后的位置检查应以电气设备现场实际位置为准[如敞开式三相的隔离开关（刀闸）、接地刀闸等]，并将以上检查项目作为检查项填写在操作票中。

在无法看到设备实际位置时，应依据间接指示（设备机械位置指示、电气指示、带电显示装置、仪器仪表、遥测、遥信等指示）来确定设备位置，为了防止一种或几种指示显示不正确等情况而造成误判断，操作后位置检查应检查两个及以上非同样原理或非同源的指示发生对应变化（各省、市公司可根据装置情况确定可靠的若干个、至少各一个非同样原理或非同源的指示)，且这些确定的所有指示均已同时发生对应变化，**方可确认该设备已操作到位**。任何一个信号未发生对应变化均应停止操作查明原因，否则不能作为设备已操作到位的依据。

"对应变化"是指为了完成操作目的，设备操作前后的指示有了相应的变化。

电气设备间接指示（设备机械位置指示、电气指示、带电显示装置、仪器仪表、遥测、遥信等指示）采用三相指示时，应以检查设备操作前后的各相指示同时发生对应变化为准。

在进行远方遥控操作设备时，可采用上述的间接方法或其他可靠的方法判断设备位置。如遥控操作高压断路器（开关）时，可采用遥测和遥信指示同时发生对应变化作为判据。

其他判断设备操作后位置的方法包括通过遥视摄像头判定

设备状态或相应资质的人员到现场检查确认设备到位情况。

如远方遥控母联开关或者远方遥控刀闸出现"TA断线""母差开入异常"等信号，应停止操作，查明原因。该类型信号必须安排运维或检修人员至现场检查原因，确认无异常后复归。

7.2.4 倒闸操作应由两人进行，一人操作，一人监护，并认真执行唱票、复诵制。发布指令和复诵指令都应严肃认真，使用规范的操作术语，准确清晰，按操作票顺序逐项操作，每操作完一项，应检查无误后，做一个"√"记号。操作中发生疑问时，不准擅自更改操作票，应向操作发令人询问清楚无误后再进行操作。操作完毕，受令人应立即汇报发令人。

【解读】倒闸操作应由两人进行，一人操作，一人监护，并应认真执行唱票、复诵制。监护人应对操作人正确使用安全工器具、执行指令的正确性和动作的规范性等进行监护。

执行倒闸操作时，监护人发布指令和操作人复诵指令都应严肃认真，使用操作术语应规范，并准确清晰。严格按操作票项目顺序进行操作，不得错项、漏项。为防止操作人员走错设备间隔而发生误拉、误合其他运行设备，操作人进行每项操作前应核对设备的名称编号，并经监护人确认无误（即唱票、复诵）后，方可进行操作。监护人在按顺序操作完每一步，经检查无误后（如检查设备的机械指示、信号指示灯、表计变化等，以确定设备的实际分合位置），做一个"√"记号，再进行下步操作内容。进行打钩的目的是防止漏步、跳步操作，且打钩也是设备操作后进行状态的确认。

倒闸操作全部完毕，经检查无误后，在操作票上填入操作结束时间，报告调度员操作执行完毕。

操作中发生疑问时，应立即停止操作并向发令人报告，查明原因或排除故障后，经发令人同意并许可后，方可继续进行操作。不准擅自更改操作票或未经同意自行操作。

7.2.5 操作机械传动的断路器（开关）或隔离开关（刀闸）时，应戴绝缘手套。没有机械传动的断路器（开关）、隔离开关（刀闸）和跌落式熔断器，应使用合格的绝缘棒进行操作。雨天操作应使用有防雨罩的绝缘棒，并穿绝缘靴、戴绝缘手套。

在操作柱上断路器（开关）时，应有防止断路器（开关）爆炸时伤人的措施。

【解读】被操作设备绝缘损坏，或机械传动装置接地不良，可能使操作手柄带电。同时，考虑到操作人员在拉合隔离开关（刀闸）、高压熔断器时，可能会因误操作、设备损坏等原因引起弧光短路接地，导致操作人员受到接触电压、电弧伤害。因此，应戴绝缘手套操作机械传动的断路器（开关）或隔离开关（刀闸）。

操作没有机械传动装置的断路器（开关）、隔离开关（刀闸）和跌落式熔断器，应使用相应电压等级、试验合格的绝缘棒进行拉、合闸操作来保证安全距离。

绝缘棒受潮会产生较大的泄漏电流，危及操作人员的安全。绝缘棒加装防雨罩是为了阻断顺着绝缘棒流下的雨水，使其不致形成一个连续的水流柱而降低湿闪电压，确保一段干燥的爬电距离。

柱上断路器（开关）主要有：油断路器（开关）、真空断路器（开关）、SF_6断路器（开关）。因油断路器（开关）有绝缘油，如出现油面过低或油质劣化，在开关拉合遮断电流时油被电弧气化而形成较大压力，断路器（开关）有可能发生喷油甚至爆炸；若真空断路器（开关）真空包真空度不够或漏气，在操作时会发生爆炸；SF_6断路器（开关）由于断路器（开关）内部SF_6气体压力低、触头间绝缘破坏击穿、短路电流作用形成内部气压过高等原因均易引起爆炸。因此，在操作柱上断路器（开关）时，应有防止断路器（开关）爆炸时伤及操作人员和行人的措施，如选择适当操作位置、与柱上断路器（开关）保持足够的距离等。

7.2.6 更换配电变压器跌落式熔断器熔丝的工作，应先将低压刀闸和高压隔离开关（刀闸）或跌落式熔断器拉开。摘挂跌落式熔断器的熔断管时，应使用绝缘棒，并派专人监护。其他人员不准触及设备。

【解读】在更换配电变压器跌落式熔断器熔丝的工作中，为防止带负荷拉跌落式熔断器造成弧光短路，应先将低压刀闸拉开，再拉开高压隔离开关（刀闸）或跌落式熔断器，以防止事故扩大到上一级。拉开单极式刀闸或熔断器，拉开时应先拉中间相，后拉两边相（且其中先拉下风相）；合闸时应先合两边相（且其中应先合上风相），再合中间相，以防止操作时与相邻相发生电弧短路。

作业人员摘挂跌落器式熔断管时，因人体与带电部位安全距离不足，应使用绝缘棒，并设专人监护。其他人员不准触及设备。

7.2.7 雷电时，禁止进行倒闸操作和更换熔丝工作。

【解读】雷电时，线路遭受直击雷和感应雷的机率较高，雷电过电压以及开合雷电流时，可能会对线路设备和人员安全造成危害。因此，禁止在雷电时进行倒闸操作和更换熔丝工作。

7.2.8 在发生人身触电事故时，可以不经过许可，即行断开有关设备的电源，但事后应立即报告调度控制中心（或设备运维管理单位）和上级部门。

7.2.9 操作票应事先连续编号，计算机生成的操作票应在正式出票前连续编号，操作票按编号顺序使用。作废的操作票，应注明"作废"字样，未执行的应注明"未执行"字样，已操作的应注明"已执行"字样。操作票应保存一年。

【解读】操作票的连续编号和按编号顺序使用是为了加强操作票统计和管理，也有利于防止误操作和事故调查。

为防止错用已作废或未执行的操作票而发生误操作事故，对作废或未执行的操作票应及时加盖"作废"章或"未执行"章，并注明作废或未执行原因。

操作完毕全面检查无误后，应在操作票上填入操作结束时间，报告值班调控人员（运维人员）操作执行完毕，并在操作票上加盖"已执行"章。在操作票执行过程中因故中断操作，则应在已操作完的步骤下面盖"已执行"章，并在"备注"栏内注明中断原因。若此任务还存在未操作的项目，则应在未执行的各页"操作任务"栏盖"未执行"章。

为加强操作票管理，应定期或不定期对操作票进行检查、分析与总结交流，以提高正确执行操作票的水平。为了便于统计、检查，操作票应保存一年。

7.3 测量工作。

7.3.1 直接接触设备的电气测量工作，至少应由两人进行，一人操作，一人监护。夜间进行测量工作，应有足够的照明。

【解读】直接接触设备的电气测量工作，一般都是在带电情况下进行，存在着触电的危险。所以，测量工作至少应由两人进行，一人操作、一人监护。

夜间测量工作由于能见度差，为了有效保证被监护人与带电部分的安全距离，同时便于准确看清测量数据，应配备足够的照明。

7.3.2 测量人员应熟悉仪表的性能、使用方法和正确接线方式，掌握测量的安全措施。

7.3.3 杆塔、配电变压器和避雷器的接地电阻测量工作，可以在线路和设备带电的情况下进行。解开或恢复杆塔、配电变压器和避雷器的接地引线时，应戴绝缘手套。禁止直接接触与地断开的接地线。

【解读】杆塔、配电变压器和避雷器的接地引线可能由于绝缘子损坏、配电变压器中性点位移、线路单相接地、避雷器绝缘击穿、线路遭雷击等原因而带电。如需解开接地引线测量接地电阻，在解开或恢复时，应戴绝缘手套。与地断开的接地线，接地引线上端可能带有电压，禁止直接接触。

7.3.4 测量低压线路和配电变压器低压侧的电流时，可使用钳型电流表。应注意不触及其他带电部分，以防相间短路。

【解读】因低压线路的相间和对地距离一般都较小，若钳形电流表表面脏污，测量时容易引起相间短路或接地。因此，测量时应将钳型电流表控制在被测一相，不能触及其他相或接地部分。测量时要戴绝缘手套，防止泄漏电流触电或碰触到带电部位。观察表计读数时，头部与带电部位应保持足够的安全距离。

7.3.5 带电线路导线的垂直距离（导线弛度、交叉跨越距离），可用测量仪或使用绝缘测量工具测量。禁止使用皮尺、普通绳索、线尺等非绝缘工具进行测量。

【解读】使用测量仪在地面进行测量时，各类非绝缘辅助设备与带电导线之间的安全距离应满足本规程表 4 的规定。使用绝缘工具测量时，其绝缘性能应与被测量带电线路的电压等级相匹配。

因皮尺、线尺等具有导电性能，普通绳索为非绝缘工具。在测量时，若接近或碰触带电部位易发生接地短路，因此禁止使用。

7.4 砍剪树木。

7.4.1 在线路带电情况下，砍剪靠近线路的树木时，工作负责人应在工作开始前，向全体人员说明：电力线路有电，人员、树木、绳索应与导线保持表 4 的安全距离。

【解读】在砍剪靠近带电线路导线的树木时，为了避免发生树木、绳索接近甚至碰触带电导线而危及人员及运行线路的安全，工作负责人应在工作开始前，拟定绳索绑扎点、倒树方向、拉绳方向，确定拉绳、绑扎、砍剪等人员分工；交待砍剪树木过程中的注意事项，明确要求人员、树木、绳索及各类工具与带电导线应保持本规程表 4 的安全距离。

7.4.2 砍剪树木时，应防止马蜂等昆虫或动物伤人。上树时，不应攀抓脆弱和枯死的树枝，并使用安全带。安全带不准系在待砍剪树枝的断口附近或以上。不应攀登已经锯过或砍过的未断树木。

【解读】为防止作业人员砍剪树木时被马蜂等动物伤害，砍剪前应对拟砍伐树木和周围环境进行仔细检查。若发现树木上有马蜂窝等伤人动物时，应避免惊动，以免跑（飞）出伤人。砍剪树木现场应带足相应防蜂、蛇等动物伤害的药物。

上树时，不应攀抓脆弱和枯死的树枝，不应攀登已经锯过或砍过未断的树木，以免树枝或树木断裂而发生人员高空坠落。

树上作业，作业点距地面 2m 及以上时，作业人员应系安全带。安全带应系在树木主干上或能足够承受作业人员体重的树枝上，不准系在待砍剪的树枝端口附近或以上部位，否则树枝砍断后安全带将随断裂的树枝而失去保护作用。

7.4.3 砍剪树木应有专人监护。待砍剪的树木下面和倒树范围内不准有人逗留，城区、人口密集区应设置围栏，防止砸伤行人。为防止树木（树枝）倒落在导线上，应设法用绳索将其拉向与导线相反的方向。绳索应有足够的长度和强度，以免拉绳的人员被倒落的树木砸伤。砍剪山坡树木应做好防止树木向下弹跳接近导线的措施。

【解读】砍剪树木有较大的危险性，容易发生砍剪后的树木或树枝倒落至带电导线上及周围低压线路、弱电线路、建筑物、交通道路上等，或者砸伤作业人员或周围行人，故应有专人监护。

砍剪树木前，工作负责人应对树木下方及倒树范围进行一次全面检查，不准有人逗留。在城区、人口密集区等区域砍剪树木时，工作负责人应在倒树区域内设置围栏，以免砸伤行人。在道路（指交通主干道）边砍剪树木时，工作负责人应事先与交通管理部门取得联系，并在道路两侧设置相应的警告标志和围栏，以免危及来往车辆和行人。在铁路、航道边砍剪树木时，应事先取得对应管理部门的同意，并采取相应安全措施后方可进行。

为了防止树木（树枝）倒落在导线上，工作负责人应派有经验人员负责拉绳，并明确应拉向与导线相反的方向。同时，绳索应有足够的长度和强度，长度至少为被砍剪树木高度的 1.2 倍，以免拉绳的人员被倒落的树木砸伤。使用的绳索应符合本规程 14.2.12 条的规定。若树木较为高大，可以采取多道绳索控制。如受地形等因素影响时，可以采取分段砍剪。

砍剪线路上山侧的树木时，为了防止树木向下弹跳而接近甚至碰触带电导线，应使用绳索进行控制，并选择适当的砍剪点。

7.4.4 树枝接触或接近高压带电导线时，应将高压线路停电或用绝缘工具使树枝远离带电导线至安全距离。此前禁止人体接触树木。

【解读】当树枝接触高压带电导线时，应将高压线路停电后，方可进行处理。此前禁止人体接触树木，并离开树木至少 8m 以外（防止跨步电压伤人）。同时，应设法防止其他行人靠近。

当树枝接近高压带电导线时，应采用绝缘工具使树枝远离带电导线至安全距离后，方可进行处理。若采用绝缘工具无法保证树枝与带电导线足够的安全距离时，应将线路停电后方可进行处理。未采取上述措施前，禁止人体接触树木。

7.4.5 风力超过 5 级时，禁止砍剪高出或接近导线的树木。

【解读】5 级风力相当于风速为 8～10.7m/s。风力超过 5 级时，树木摇晃幅度较大，树木的倒向不易控制；人员攀爬树木容易引起高处坠落；砍剪高出或接近导线的树木时，不易保持与带电导线安全距离，易使导线与树木放电危害作业人员安全。

7.4.6 使用油锯和电锯的作业，应由熟悉机械性能和操作方法的人员操作。使用时，应先检查所能锯到的范围内有无铁钉等金属物件，以防金属物体飞出伤人。

8　邻近带电导线的工作

8.1　在带电线路杆塔上的工作。

8.1.1　带电杆塔上进行测量、防腐、巡视检查、紧杆塔螺栓、清除杆塔上异物等工作，作业人员活动范围及其所携带的工具、材料等，与带电导线最小距离不准小于表3的规定。

表3　在带电线路杆塔上工作与带电导线最小安全距离

电压等级 kV	安全距离 m	电压等级 kV	安全距离 m
交流线路			
10 及以下	0.7	330	4.0
20、35	1.0	500	5.0
66、110	1.5	750	8.0
220	3.0	1000	9.5
直流线路			
±50	1.5	±660	9.0
±400	7.2	±800	10.1
±500	6.8		

进行上述工作，应使用绝缘无极绳索，风力应不大于5级，并应有专人监护。如不能保持表3要求的距离时，应按照带电作业工作或停电进行。

【解读】在线路带电情况下，允许在杆塔上进行测量、防腐、巡视检查（如查看金具、绝缘子）、紧固杆塔螺栓、清除杆塔上异物（如清除鸟窝）等工作。上述工作，作业人员活动范围及其所携带的工具、材料等，与带电导线最小距离不准小于本规程表3

的规定，并应填用电力线路第二种工作票。如与带电导线最小距离小于本规程表 3 的规定且大于本规程表 5 的规定时，按照邻近带电作业方式进行并填用电力线路带电作业工作票。

绝缘无极绳索是指绝缘绳索两头连接成一封闭的绳圈。主要是便于作业人员在传递工具、材料等作业中能够进行有效的控制，防止绳索、工具、材料等接近或碰触带电导线。

当风力达到 5 级及以上时，野外高处作业已有困难，作业人员与带电导线间的安全距离不易保持。为方便作业人员有效判断风力大小，可配置手持式风速测试仪等仪器进行测量。

注：本规程表 3 之在带电线路杆塔上工作与带电导线最小安全距离，其中 500kV 及以下交流部分数据，是采用 DL 409—1991《电业安全工作规程（电力线路部分）》中表 2 的规定；其中交流 750kV/1000kV 和直流 500kV 以上的数据，是采用在安全净距 A_1 值的基础上增加 2m 的安全裕度。

8.1.2 在 10kV 及以下的带电杆塔上进行工作，作业人员距最下层带电导线垂直距离不准小于 0.7m。

【解读】因工作人员在 10kV 及以下的带电杆塔上进行工作时，与下层带电导线的距离不易控制，易发生触电危险。设定 0.7m 平面高度主要是有利于现场控制（如可设绝缘挡板等），作业人员及其所携带的工具、材料等均不允许超越 0.7m 平面高度。

8.1.3 运行中的高压直流输电系统的直流接地极线路和接地极应视为带电线路。各种工作情况下，邻近运行中的直流接地极线路导线的最小安全距离按±50kV 直流电压等级控制。

【解读】当高压直流输电在单极大地方式运行或者双极不对称方式运行时，接地极附近有直流电位，该电位与直流输电输送的电流大小和该处的土壤电阻率有关。直流输送的电流越大，土壤的电阻率越高，电位也就越高。当直流输电系统以单极大地回路运行时，直流电流持续通过接地极与大地构成回路。所以，运行中的高压直流输电系统的直流接地极线路和接地极应视为带电线路。为保证作业人员的人身安全，在各种工作情况下，在邻近运行中的直流接地极线路导线工作时，作业人员及其所携带的工具、材料等活动范围与直流接地极线路导线应保持 1.5m 的最小安全距离。

8.2 邻近或交叉其他电力线路的工作。

8.2.1 停电检修的线路如与另一回带电线路相交叉或接近，以致工作时人员和工器具可能和另一回导线接触或接近至表4规定的安全距离以内，则另一回线路也应停电并予接地。如邻近或交叉的线路不能停电时，应遵守 8.2.2～8.2.4 条的规定。工作中应采取防止损伤另一回线路的措施。

表 4　邻近或交叉其他电力线工作的安全距离

电压等级 kV	安全距离 m	电压等级 kV	安全距离 m
交流线路			
10 及以下	1.0	330	5.0
20、35	2.5	500	6.0
66、110	3.0	750	9.0
220	4.0	1000	10.5
直流线路			
±50	3.0	±660	10.0
±400	8.2	±800	11.1
±500	7.8		

【解读】遇有其他带电线路与停电检修线路交叉或接近，且在作业时人员和工器具及材料等可能与带电线路导线接触或不能满足本规程表4安全距离的要求，则其他的带电线路应配合停电，并在邻近检修线路作业点的配合停电线路杆塔上装设接地线。

为避免检修线路因跑线、断线等原因损伤另一回线路，工作中应对邻近或交叉的线路采取搭设跨越架、装设防护网等相应措施，确保其安全可靠运行。

> 注：本规程表 4 之邻近或交叉其他电力线工作的安全距离，其中 500kV 及以下交流部分数据，是采用 DL 409—1991《电业安全工作规程（电力线路部分）》中表 3 的规定；其中交流 750kV/1000kV 和直流 500kV 以上的数据，是采用在安全净距 A_1 值的基础上增加 3m 的安全裕度。

8.2.2 邻近带电的电力线路进行工作时，有可能接近带电导线至表 4 规定的安全距离以内时，应做到以下要求：

    a）采取有效措施，使人体、导线、施工机具等与带电导线符合表 4 安全距离规定，牵引绳索和拉绳符合表 19 安全距离规定。

    b）作业的导、地线还应在工作地点接地。绞车等牵引工具应接地。

【解读】为确保人体、导线、施工机具等在作业过程中与带电导线的安全距离符合本规程表 4 的规定，防止牵引绳索和拉绳在作业过程中晃动或弹跳幅度较大而与带电导线的安全距离不能满足本规程表 19 的规定，应采取以下具体措施：对邻近的带电线路采取安装防护网等防护措施；作业人员尽量远离带电导线，尽量减少活动范围，并设专人加强监护；在导、地线及牵引绳上设置压线滑车等措施，以减少摆动，防止接近带电导线；拉绳的位置应尽量远离带电导线，并设专人进行监护，必要时可采用转向滑车，或者采用绝缘拉绳；无极绳装设的位置应充分考虑上、下传递施工机具时满足上述距离的要求，必要时采用绝缘无极绳。

在作业过程中，为防止感应电及意外跑线、断线接触带电线路而引起作业人员触电，作业的导、地线还应在工作地点接地，绞车等牵引工具也应接地。

8.2.3 在交叉档内松紧、降低或架设导、地线的工作，只有停电检修线路在带电线路下面时才可进行，应采取防止导、地线产生跳动或过牵引而与带电导线接近至表 4 规定的安全距离以内的措施。

停电检修的线路如在另一回线路的上面，而又必须在该线路不停电情况下进行放松或架设导、地线以及更换绝缘子等工作时，应采取安全可靠的措施。安全措施应经工作人员充分讨论后，经工区批准执行。措施应能保证：

    a) 检修线路的导、地线牵引绳索等与带电线路的导线应保持表 4 规定的安全距离。

    b) 要有防止导、地线脱落、滑跑的后备保护措施。

【解读】在带电线路交叉档内下方进行松紧、降低或架设导、地线的工作，为了防止导、地线在工作中跳动或者过牵引时与上面带电导线接近至本规程表 4 规定的安全距离以内，甚至碰触带电导线，需在交叉点下方及附近的导、地线上设置压线滑车等措施，并应派有经验人员在交叉点进行监护。监护人与工作负责人应保持通信畅通，以便发现异常时能及时停止作业。特别是在紧线过程中，需严格控制过牵引长度。

在带电线路交叉档内上方进行放松或架设导、地线以及更换绝缘子等工作时，可采取以下安全措施：

（1）为保证作业人员和下方带电线路的安全，应在带电线路交叉跨越点上方搭设满足要求的跨越架，必要时应设置安全网，以保证检修线路的导、地线及牵引绳等与带电线路的导线始终保持本规程表 4 规定的安全距离。

（2）为防止导、地线脱落、滑跑，更换或新架导、地线应采用张力放线形式进行；导引绳、牵引绳应选用高强度绝缘绳；展放的导引绳、牵引绳等禁止从带电线路下方穿过；放、牵机具应接地、加固，并采取增设导线后备牵引绳等保护措施；更换绝缘子时，应采取装设长度适当的钢丝绳套、高强度绳套等后备保护措施。

8.2.4　在变电站、发电厂出入口处或线路中间某一段有两条以上相互靠近的平行或交叉线路时，要求：

　　a)　每基杆塔上都应有线路名称、杆号。

　　b)　经核对停电检修线路的线路名称、杆号无误，验明线路确已停电并挂好地线后，工作负责人方可宣布开始工作。

　　c)　在该段线路上工作，登杆塔时要核对停电检修线路的线路名称、杆号无误，并设专人监护，以防误登有电线路杆塔。

　　【解读】在变电站、发电厂出入口处或线路中间某一段有两条及以上相互靠近的平行或交叉的线路，可能存在杆塔类型相同或相似、通往杆塔的道路相互交替穿行、线路名称相近或相似等情况。因此，为避免作业人员在对其中一回进行停电检修时误登带电线路，应做好以下几个方面的措施：

　　（1）每基杆塔的线路应设置线路名称、杆号，便于作业人员正确辨认停电检修线路。

　　（2）停电检修工作时，为避免误登杆塔，工作负责人应核对工作许可人许可的命令、工作票及现场停电检修线路的线路名称、杆号一致无误，经验电挂好接地后，方可宣布开始工作。

　　（3）作业人员在登杆塔前要认真核对停电检修线路的线路名称、杆号无误后，方可登杆塔，并设专人监护。为避免作业人员核对过程中发生疏忽或出错，监护人应与作业人员共同核对线路线路名称、杆号，并确认无误后，方可允许作业人员登杆塔进行作业。

　　线路名称是指调控部门下文发布的设备命名（下同）。

8.3　同杆塔架设多回线路中部分线路停电的工作。

8.3.1　同杆塔架设的多回线路中部分线路停电或直流线路中单极线路停电检修，应在作业人员对带电导线最小距离不小于表 3

规定的安全距离时，才能进行。

禁止在有同杆架设的 10（20）kV 及以下线路带电情况下，进行另一回线路的停电施工作业。若在同杆架设的 10（20）kV 及以下线路带电情况下，当满足表 4 规定的安全距离且采取可靠防止人身安全措施的情况下，可以进行下层线路的登杆停电检修工作。

【解读】在同杆塔架设的多回线路中部分线路停电或直流线路中单极线路停电检修，由于作业人员与带电导线的安全距离不易控制，易发生触电事故。因此，作业人员对带电导线最小距离应不小于本规程表 3 规定。

同杆架设的 10（20）kV 及以下线路，因相间及相对地的距离较小，在部分线路带电的情况下，工作人员攀登杆塔、使用工具操作时，可能由于动作幅度较大而碰触带电导线，发生触电伤害；在展放导、地线等施工时，由于张力不平衡，易引起导、地线和牵引绳的摆动幅度过大，造成接近或碰触带电导线而发生放电。因此，禁止在有同杆塔架设的 10kV 及以下线路带电情况下，进行另一回线路的停电松线、放线、紧线、更换杆塔和横担等施工作业。即使全部都是绝缘导线，也同样禁止。

同杆架设的 10（20）kV 及以下线路，当满足本规程表 4 规定的安全距离，且对带电导线采取绝缘隔离等可靠安全措施的情况下，可以对最下层线路进行登杆停电检修工作。上述工作应设专人加强监护。

8.3.2 遇有 5 级以上的大风时，禁止在同杆塔多回线路中进行部分线路停电检修工作及直流单极线路停电检修工作。

【解读】当风力在 5 级及以上时，作业人员及工器具与带电导线间的安全距离不易保持。故禁止在同杆塔多回线路中进行部分线路停电检修工作及直流单极线路停电检修工作。如在工作中遇到 5 级以上的大风，作业人员应立即临时停止工作，并尽快下杆塔，作业中的工器具应收好，以免接近或碰触带电线路。

8.3.3 工作票签发人和工作负责人对停电检修线路的称号应特别注意正确填写和检查。多回线路中的每回线路（直流线路每极）都应填写双重称号。

【解读】为了便于工作负责人在接到许可命令及实施安全措施时，能正确无误地核对停电检修线路的双重称号，防止作业人员误登其他带电线路杆塔、进入同杆塔架设的带电线路，工作票中应填写停电检修线路双重称号，多回线路中的每回线路（直流线路每极）都应填写双重称号。填写和签发时应仔细检查核对双重称号，确保其与现场实际相符。

8.3.4 工作负责人在接受许可开始工作的命令时，应与工作许可人核对停电线路双重称号无误。如不符或有任何疑问时，不准开始工作。

【解读】因存在工作票出错、线路名称中文部分相同或相似、工作负责人在接令时听错、许可人发令错误等原因，工作负责人在接受许可开始工作的命令时，应将许可的停电线路双重称号与工作票中的双重称号核对，并复诵无误。若工作负责人发现许可人许可的停电检修线路名称和位置称号与工作票填写存在不符或者有其他任何疑问时，在未查明原因并正确处理前，不准开始工作。

8.3.5 为了防止在同杆塔架设多回线路中误登有电线路及直流线路中误登有电极，还应采取以下措施：

8.3.5.1 每基杆塔应设识别标记（色标、判别标帜等）和线路名称、杆号。

【解读】在每基杆塔底部对每回线路设置对应的识别标记（色标、判别标帜等）和名称、杆号。同样，在每回线路每相的对应横担处设置对应线路的识别标记。但每回线路之间识别标记的颜色不得相同或相似，以便作业人员能明显区分。

8.3.5.2 工作前应发给作业人员相对应线路的识别标记。

【解读】各运行或检修单位应根据杆塔上设置的识别标记（色标、判别标帜等）和线路名称，制作对应各线路的识别标记（色标卡、袖章等）。工作前由工作负责人将对应停电检修线路的识别标记（色标卡、袖章等）发给作业人员。

8.3.5.3　经核对停电检修线路的识别标记和线路名称、杆号无误，验明线路确已停电并挂好接地线后，工作负责人方可发令开始工作。

【解读】工作负责人在得到工作许可人工作许可后，应核对工作许可人许可的命令、工作票及现场停电检修线路的线路名称、杆号一致，识别标记（色标卡、色标）与拟验电挂接地线杆塔上的识别标记（色标卡、色标）一致，验电挂接地线后，方可发令工作班成员开始工作。

8.3.5.4　登杆塔和在杆塔上工作时，每基杆塔都应设专人监护。

【解读】为防止作业人员误登杆塔、误入带电线路侧，工作负责人对工作的每基杆塔都应设专人监护。监护人未到现场或未经监护人许可，作业人员禁止擅自登杆塔开始作业。监护人应自始至终地监护作业人员的作业行为，作业人员不得在无监护下进行作业。

8.3.5.5　作业人员登杆塔前应核对停电检修线路的识别标记和线路名称、杆号无误后，方可攀登。登杆塔至横担处时，应再次核对停电线路的识别标记与双重称号，确实无误后方可进入停电线路侧横担。

【解读】作业人员在登杆塔前，应使用识别标记（色标卡、袖章等）与杆塔上色标、线路名称、杆号、位置称号进行核对，确认无误后，方可开始攀登杆塔。在登杆塔至横担处时，作业人员应再次核对停电线路的识别标记（色标）与双重称号，确实无误后，方可进入停电线路侧横担。

8.3.6　在杆塔上进行工作时，不准进入带电侧的横担，或在该侧横担上放置任何物件。

【解读】为了防止作业人员及其携带的工具和材料接近或误碰带电线路，在杆塔上进行工作时，不准进入带电线路侧的横担或在该侧横担上放置任何物件。

考虑多回路架设线路的特殊性，对于多回路水平排列线路，停电检修线路与带电线路同一横担并在外侧时，在确保作业人员及其携带的工器具、材料等与带电导线的安全距离不小于本规程表3规定的前提下，允许作业人员通过该侧横担。但不得在带电导线对应上方区域停留及放置任何物件，同时要加强监护，必要时应增设塔上监护人。

8.3.7 绑线要在下面绕成小盘再带上杆塔使用。禁止在杆塔上卷绕或放开绑线。

【解读】在杆塔上卷绕或放开绑线，若绑线过长，易发生意外而接近或碰触带电线路，危及作业人员人身安全和设备运行。所以，绑线应在地面绕成小盘后，再由作业人员放入工具袋内带至杆塔上使用。

8.3.8 在停电线路一侧吊起或向下放落工具、材料等物体时，应使用绝缘无极绳圈传递，物件与带电导线的安全距离应符合表4的规定。

【解读】在多回线路的部分线路停电检修工作时，传递工具、材料过程中，要控制好绝缘无极绳圈，确保物件与带电导线的安全距离符合本规程表4的规定，以免物件与带电导线引起放电。绝缘无极绳圈挂点的位置应适当。

8.3.9 放线或撤线、紧线时，应采取措施防止导线或架空地线由于摆（跳）动或其他原因而与带电导线接近至危险距离以内。

在同杆塔架设的多回线路上，下层线路带电，上层线路停电作业时，不准进行放、撤导线和地线的工作。

【解读】放线或撤线、紧线时，由于杆塔高差、档距大小不同，风摆、施工机具及操作人员等因素，易引起导线或架空地线跳动、摆动及其他各种情况，造成与带电导线距离不足甚至碰触带电导线。故应采取压线滑车等措施防止导线或架空地线与带电导线接近至本规程表4规定距离以内，否则带电线路应配合停电。

在同杆塔架设的多回线路上，下层线路带电、上层线路停电进行放线或撤线、紧线作业时，由于造成导线或架空地线跳动、摆动、跑线等因素较多，难以控制与下层带电线路的距离，危险性大，故不准进行放、撤导线和地线的工作。

8.3.10 绞车等牵引工具应接地，放落和架设过程中的导线亦应接地，以防止产生感应电。

【解读】在利用绞车等牵引工具进行放落和架设导线工作中，牵引绳、导线可能与带电导线交叉、平行距离较长，会在牵引绳及导线上产生一定的感应电压，故应对绞车等牵引工具、放落和架设过程中的导线进行接地。

8.4 邻近高压线路感应电压的防护。

8.4.1 在 330kV 及以上电压等级的线路杆塔上及变电站构架上作业，应采取防静电感应措施，例如穿戴相应电压等级的全套屏蔽服（包括帽、上衣、裤子、手套、鞋等，下同）或静电感应防护服和导电鞋等（220kV 线路杆塔上作业时宜穿导电鞋）。

【解读】作业人员在 330kV 及以上电压等级的带电线路杆塔上及变电站构架上时，人体即处在电场中。若人体对地绝缘（穿胶鞋等），则对带电体和接地体分别存在电容，由于静电感应引起人体带电，手触铁塔的瞬间会出现放电麻刺。电压越高，产生静电感应电压也越高。为确保作业人员的人身安全，应采取穿着全套屏蔽服或静电感应防护服和导电鞋等防感电应措施。导电鞋具有导电性能，可消除人体静电积聚，作业人员在 220kV 线路杆塔上作业时穿导电鞋，相当于人体与铁塔等电位，避免人体在接触铁塔时发生放电麻刺。作业人员在穿导电鞋时，不应同时穿绝缘的毛料厚袜及绝缘的鞋垫。

8.4.2　在±400kV 及以上电压等级的直流线路单极停电侧进行工作时，应穿着全套屏蔽服。

【解读】在±400kV 及以上电压等级的直流线路单极停电侧进行工作时，由于直流线路输电距离长、极间距离较近、电场场强大等因素，在停电侧线路会产生较大感应电。为了能够有效分流人体的电容电流和屏蔽高压电场，使流过人体的电流控制在微安级水平，作业人员应穿全套屏蔽服。

8.4.3　带电更换架空地线或架设耦合地线时，应通过金属滑车可靠接地。

【解读】带电更换架空地线或架设耦合地线时，由于其与带电导线平行距离较长，会产生较高感应电压。若存在某一侧或某一段与地断开不接地，将会产生感应电压而危及作业人员安全。因此，为防止伤及作业人员，每基杆塔的放线滑车均应采用金属滑车且与杆塔连接可靠接地，杆塔的接地通道和接地电阻应良好。

8.4.4　绝缘架空地线应视为带电体。作业人员与绝缘架空地线之间的距离不应小于 0.4m（1000kV 为 0.6m）。如需在绝缘架空地线上作业时，应用接地线或个人保安线将其可靠接地或采用等电位方式进行。

【解读】因绝缘架空地线与带电导线平行架设，且不通过每基杆塔直接接地，会在绝缘架空地线上产生静电和电磁感应电压，其大小与线路电压等级和线路的长度成正比。因此，绝缘架空地线应视为带电体，作业人员与绝缘架空地线之间的安全距离不应小于 0.4m（1000kV 为 0.6m）。若采用接地线或个人保安线方式将其可靠接地时，应使用绝缘棒装设接地线或个人保安线，绝缘棒的长度应满足人员操作时与绝缘地线安全距离的要求。

8.4.5　用绝缘绳索传递大件金属物品（包括工具、材料等）时，杆塔或地面上作业人员应将金属物品接地后再接触，以防电击。

【解读】在邻近带电线路使用绝缘绳索传递大件金属物品（包括工具、材料等）时，物件上会产生一定的感应电压。为了防止杆塔或地面上作业人员接触时发生触电，需先将金属物品接地后再接触。

9 线 路 施 工

9.1 坑洞开挖与爆破。

9.1.1 挖坑前,应与有关地下管道、电缆等地下设施的主管单位取得联系,明确地下设施的确切位置,做好防护措施。组织外来人员施工时,应将安全注意事项交待清楚,并加强监护。

【解读】地下的电力和通信电缆,燃气、供水、排污等管线,在地面上无法直接观察到,开挖过程中损坏这些设施容易造成作业人员或其他人员伤害。因此,在施工前应与相关主管单位取得联系,了解地下设施分布情况和确切位置,制定相应的施工方案和作业人员防护措施,防止人身伤害和地下设施受损。

外来施工人员对地下设施布置情况不了解、对现场应采取的措施不掌握,更容易发生危险。开工前应向施工单位交待地下管线分布情况、保护性开挖和人身防护措施,在工作中监督施工单位落实措施,防止意外的发生。

9.1.2 挖坑时,应及时清除坑口附近浮土、石块,坑边禁止外人逗留。在超过 1.5m 深的基坑内作业时,向坑外抛掷土石应防止土石回落坑内,并做好防止土层塌方的临边防护措施。作业人员不准在坑内休息。

【解读】坑洞开挖施工中,坑口附近堆放的浮土、石块可能造成坑边压力过大引起塌方或石块回落坑中;坑深超过 1.5m 时,塌方和石块回落均易造成人员伤害。坑边站人改变坑边的压力容易引起塌方甚至坠落坑中。临边防护措施是防止作业人员在坑洞边作业因塌方或失足坠落坑洞中的安全措施,一般设置高度不低于 1050mm、立柱间距不大于 2m 的硬质围栏。

开挖的基坑随时有塌方和土石回落的可能,作业人员在坑内休息时容易造成人身伤害，因此作业人员不得在坑内休息。

9.1.3 在土质松软处挖坑，应有防止塌方措施，如加挡板、撑木等。不准站在挡板、撑木上传递土石或放置传土工具。禁止由下部掏挖土层。

【解读】土质松软处或土层含水量过大时挖坑容易塌方伤害挖坑人员。施工条件许可时，应根据土质确定边坡坡度值或临时固化措施。放坡或临时固化坑边的方式可参考 GB 50202—2002《建筑地基基础工程施工质量验收规范》中表 6.2.3 的规定。条件不允许时应采取加挡板、撑木等的措施，加挡板应注意坡度、梯级，并考虑撑木强度和密度。

采取挡板、撑木施工方式时，人员站在挡板和撑木上容易造成撑木松动而塌方。从下部掏挖形成空洞，因悬空部分土层的压力也可能导致塌方。

9.1.4 在下水道、煤气管线、潮湿地、垃圾堆或有腐质物等附近挖坑时，应设监护人。在挖深超过 2m 的坑内工作时，应采取安全措施，如戴防毒面具、向坑中送风和持续检测等。监护人应密切注意挖坑人员，防止煤气、硫化氢等有毒气体中毒及沼气等可燃气体爆炸。

【解读】下水道、煤气管线、潮湿地、垃圾堆或有腐质物等场所，容易产生易燃、易爆和有毒有害气体，增加监护能够及时发现危险因素，并能够进行有效处置或组织施救。

在容易出现有害气体处挖坑，坑深超过 2m 的坑内短时间施工可戴防毒面具；长时间施工应向坑内送风，提高基坑中氧气含量，减少有毒有害气体含量。同时应使用仪器定期检测，确认工作环境符合作业条件，即氧气含量不小于 18%，有毒有害气体含量控制在标准范围内。

9.1.5 在居民区及交通道路附近开挖的基坑，应设坑盖或可靠遮栏，加挂警告标示牌，夜间挂红灯。

【解读】在居民区及交通道路附近开挖的基坑，均有可能引起行人和车辆坠落造成伤害。因此，开挖面积较小的基坑应设置坑盖，面积较大的基坑应在其周围设置围栏，并设置警示牌和夜间挂红灯作为警示。

9.1.6 塔脚检查，在不影响铁塔稳定的情况下，可以在对角线的两个塔脚同时挖坑。

【解读】开挖杆塔基础前应检查杆塔两侧受力和基础受力情况，对基础受力平衡且有稳定裕度的杆塔可在对角线的两个塔脚同时开挖。对受力不平衡的杆塔应加装临时拉线，在对角线上开挖。同一侧开挖，容易造成杆塔倾倒，因此禁止在同侧开挖。需要进行大面积和深度开挖前应经验算合格。

9.1.7 进行石坑、冻土坑打眼或打桩时，应检查锤把、锤头及钢钎。扶钎人应站在打锤人侧面。打锤人不准戴手套。钎头有开花现象时，应及时修理或更换。

【解读】大锤使用前检查锤把，防止从节或疤处断裂；锤把应安装牢固且用防脱楔子楔牢，防止使用中锤头飞出伤人；锤头有歪斜、缺口、裂纹等，使用中锤头可能滑脱或有碎片飞出伤人。钎头开花容易造成铁屑飞出伤人，因此钢钎使用前或使用中应注意检查，钎头如有开花则应立即停止使用并予更换。

作业人员应戴安全帽，以防施工中被飞出的锤头、铁屑等误伤。扶钎人应站在打锤人侧面，并双手伸直扶钎，与钢钎保持足够的距离，防止打锤人误伤扶钎人。打锤人戴手套将减小手与锤把的摩擦力和控制水平，容易使大锤脱手伤人，因此规定不得戴手套。

9.1.8 变压器台架的木杆打帮桩时，相邻两杆不准同时挖坑。承力杆打帮桩挖坑时，应采取防止倒杆的措施。使用铁钎时，注意上方导线。

【解读】变压器台架的木杆长期运行后，根部容易腐朽。为防止两根电杆根部土壤同时被挖出后破坏杆根受力平衡，引起倒杆或电杆自腐蚀处折断，故禁止相邻两杆同时挖坑。承力杆打帮桩挖坑时，应加装拉线防止破坏电杆的受力稳定性。打帮桩中如使用铁钎拧紧帮桩与主杆紧固铁丝时，应注意防止铁钎接触或接近导线导致触电伤害。

9.1.9 线路施工需要进行爆破作业应遵守《民用爆炸物品安全管理条例》等国家有关规定。

【解读】爆破作业是国家特别管控的、需要有专门资质的单位和人员才能承担的作业，应根据《民用爆炸物品安全管理条例》（2006 年国务院令 466 号）规定的生产、销售、购买、运输、爆破作业、储存和法律责任等要求进行。

9.2 杆塔上作业。

9.2.1 攀登杆塔作业前，应先检查根部、基础和拉线是否牢固。新立杆塔在杆基未完全牢固或做好临时拉线前，禁止攀登。遇有冲刷、起土、上拔或导地线、拉线松动的杆塔，应先培土加固，打好临时拉线或支好架杆后，再行登杆。

【解读】登杆前，检查杆根是否有损伤、取土，铁塔是否缺少塔材，螺栓是否齐全和紧固，拉线是否齐全、松动或严重锈蚀等，以确定杆塔稳定性和安全性，防止作业人员登杆过程中，由于登杆行为改变杆塔受力，导致倒杆或倾斜危及作业人员的安全。

新立杆塔基础未完全牢固或安装临时拉线前，登杆的荷载和冲击容易造成杆塔倾倒。

杆塔在山坡、河道等处，由于水流对杆塔基础的冲刷，或杆塔基础附近有取土现象时，将改变杆塔基础的抗倾覆力；受上拔力的杆塔周围的开挖对于杆塔的稳固的影响更加明显；杆塔上的导、地线或拉线松动即改变了杆塔的受力方式，对杆塔的稳固性也产生影响。因此，攀登这类杆塔前应对杆塔加装临时拉线等补强措施。

水泥杆登杆前，还需要检查杆塔是否有明显的裂纹，当出现横向裂纹或明显纵向裂纹的杆塔，未经鉴定或采取补强措施不应攀登。

9.2.2 登杆塔前，应先检查登高工具、设施，如脚扣、升降板、安全带、梯子和脚钉、爬梯、防坠装置等是否完整牢靠。禁止携带器材登杆或在杆塔上移位。禁止利用绳索、拉线上下杆塔或顺杆下滑。攀登有覆冰、积雪的杆塔时，应采取防滑措施。

上横担进行工作前，应检查横担连接是否牢固和腐蚀情况，检查时安全带（绳）应系在主杆或牢固的构件上。

【解读】登杆前检查登杆工具的目的是为了防止作业人员登杆过程中，因工具缺陷而导致危险发生。检查内容包括：试验合格证、工器具受力部位、易磨损的部位磨损情况等，如升降板的绳、板、钩的磨损情况；脚扣的防滑橡皮的磨损情况，金属组件是否存在裂纹和损伤；安全带缝制线、铆钉、金属钩和各部分带体的磨损情况；梯子的防滑垫是否完好、梯档和支柱磨损情况、是否有损伤或裂纹等。

杆塔上安装的登高装置，如脚钉、爬梯和固定防坠装置等，在攀登之前和攀登过程中均应检查是否完好齐全。

携带作业工器具和材料攀登杆塔过程中，由于人体的重心、作业人员与杆塔之间距离的改变，作业移位过程中失去平衡或与杆塔部件挂碰导致高坠。

传递工具材料的绳索在使用中可能会受到损伤，拉线长期暴露在野外环境中，由于锈（腐）蚀或人为破坏等原因而损伤、断裂，不能承受作业人员重量；顺电杆、绳索或拉线滑下时，由于电杆和拉线表面与作业人员之间的摩擦产生热量，造成伤害或失手坠落，下滑接近地面时也容易被拉线金具挂碰或落地动作过猛而受伤。因此禁止利用绳索、拉线上下杆塔或顺杆下滑。

杆塔积雪、覆冰或有其他情况导致攀登中打滑时，应改变攀登方式以增加登高工具与杆塔的摩擦力，如作业人员穿着具有防滑功能的软底鞋、使用双重保护措施、使用登高板攀登水泥杆等，攀登过程中不应进行除冰、清雪工作。

横担与杆塔主要通过螺栓、抱箍等方式连接，为防止长期运行中螺栓锈蚀和松动而导致意外，登横担前应进行检查，防止横担增加受力后断裂。瓷横担、腐蚀严重的木横担承载力下降，锈蚀严重的金属横担承载力无法确定，因此均不能攀登。使用穿芯螺栓、抱箍固定的横担螺栓长期运行容易出现锈蚀而影响其承载力，预埋式螺母固定的横担，在杆塔表面与横担空隙中的固定螺栓容易锈蚀而产生断裂的危险，检查横担时横担的稳固性尚待确认，因此安全带应系挂在主杆或牢固的构件上。

9.2.3 作业人员攀登杆塔、杆塔上转位及杆塔上作业时，手扶的构件应牢固，不准失去安全保护，并防止安全带从杆顶脱出或被锋利物损坏。

【解读】作业人员手扶的构件要承担作业人员重量，因此构件应牢固。使用脚扣攀登杆塔时应全过程中使用安全带，杆塔上作业和转位时应全过程使用安全带或后备保护绳，防止作业中失去安全保护。

在杆塔上使用安全带时，应防止安全带在作业过程中被锋利物体刺割损坏导致断裂，电杆顶部或横担端部使用安全带时均应防止安全带从固定部位脱出。

9.2.4 在杆塔上作业时，应使用有后备保护绳或速差自锁器的双控背带式安全带，当后备保护绳超过 3m 时，应使用缓冲器。安全带和后备保护绳应分别挂在杆塔不同部位的牢固构件上。后备保护绳不准对接使用。

【解读】在绝缘子和导线上使用安全带，可能因绝缘子串断裂，造成作业人员脱出安全带而坠落，因此应使用带后备保护绳或带速差自锁器的双控背带式安全带（GB 6095—2009《安全带》

中称为"坠落悬挂安全带和围杆带组合")。根据新的安全带标准，在高处作业中使用的安全带应为坠落悬挂安全带，使用后备保护绳时其悬挂点应在后背、后腰或胸前。

杆塔上移位或上下绝缘子串工作时，应同时使用围杆带和后备保护绳等方式，防止失去安全带保护而高处坠落。

后备保护绳长度超过3m时选用带有缓冲器的坠落悬挂安全带，以防止作业人员意外坠落时，自身的冲击力对人体造成的伤害。

无缓冲器时，对接使用后备保护绳，当坠落高差超过3m时造成作业人员因受较大的冲击力而受伤害。有缓冲器时，对接使用后备保护绳，发生坠落时，两个及以上的缓冲器同时释放增加了坠落距离同样造成人身伤害。

后备保护绳与安全带分别挂在杆塔不同部位的牢固构件上的目的，是防止作业过程中固定安全带的悬挂构件出现异常，安全带和保护绳同时失去保护作用。

9.2.5 杆塔上作业应使用工具袋，较大的工具应固定在牢固的构件上，不准随便乱放。上下传递物件应用绳索拴牢传递，禁止上下抛掷。

在杆塔上作业，工作点下方应按坠落半径设围栏或其他保护措施。

杆塔上下无法避免垂直交叉作业时，应做好防落物伤人的措施，作业时要相互照应，密切配合。

【解读】杆上作业使用工具袋，以防止作业过程中携带的工具坠落伤害地面人员；较大的工具无法放到工具袋中，固定在杆塔牢固的构件上，防止作业过程中意外坠落伤人；杆塔上传递物件使用绳索是防止上下抛掷物件时，由于杆塔上作业人员为接物件意外失去平衡，发生高处坠落或未接住的物件坠落伤人。

在杆塔上作业，工作点下方按坠落半径设围栏或采取其他保护措施，是为了防止人员误入落物区而被伤害，坠落半径可参见

9 线 路 施 工

本规程 10.1 条解读。

线路检修工作需要杆塔上下作业人员相互配合，无法避免垂直交叉作业时，杆上作业人员应随时防止作业中所使用的工器具、材料坠落，杆下作业人员应避免处在杆上作业点的正下方。

9.2.6 在杆塔上水平使用梯子时，应使用特制的专用梯子。工作前应将梯子两端与固定物可靠连接，一般应由一人在梯子上工作。

【解读】水平使用与正常使用的梯子的支柱受力不同，因此应使用特制的专用梯子。杆塔上作业时，水平使用梯子时无法扶持，可将两端固定可靠，防止梯子在使用中滑落。梯子设计和试验时一般只考虑一个人的承重，因此规定一般应由一人在梯上工作。

9.2.7 在相分裂导线上工作时，安全带（绳）应挂在同一根子导线上，后备保护绳应挂在整组相导线上。

【解读】相分裂导线上工作时安全带（绳）固定在其中一根子导线上，便于作业人员工作和行走。将后备保护绳挂在整组相导线上，保证过间隔棒时不失去保护，或因单根导线断裂发生坠落的后备措施。

9.2.8 雷电时，禁止线路杆塔上作业。

【解读】因电力线路杆塔一般在空旷处且比较高，同时导线、架空地线和杆塔都是良好的导体，在雷雨时比较容易遭受雷击，杆塔和导地线遭受雷击后将由杆塔向大地泄放雷电流，此时，杆塔上作业人员极易遭受雷电的伤害。

9.3 杆塔施工。

9.3.1 立、撤杆应设专人统一指挥。开工前，应交待施工方法、指挥信号和安全组织、技术措施，作业人员应明确分工、密切配合、服从指挥。在居民区和交通道路附近立、撤杆时，应具备相应的交通组织方案，并设警戒范围或警告标志，必要时派专人看守。

9.3.2 立、撤杆应使用合格的起重设备，禁止过载使用。

【解读】立、撤杆过程使用合格的起重设备系指使用的起重设备构件齐全、电气与控制系统、安全保护和防护装置（如制动和逆止装置）完好，经过定期试验合格。

起重设备过载使用将会使构件变形损坏、制动控制失灵，造成人身、设备事故。

9.3.3 立、撤杆塔过程中基坑内禁止有人工作。除指挥人及指定人员外，其他人员应在处于杆塔高度的 1.2 倍距离以外。

【解读】立、撤杆过程中由于电杆受力发生变化，电杆根部在基础中的位置不易固定，因此禁止基坑内有人工作。另外吊装预制和装配式杆塔基础时，基础吊装过程中由于起重设备故障和吊件系挂不牢等原因有发生坠落的危险，因此在吊装到位前，基坑内禁止有人工作。

为防止立、撤杆过程中电杆受力不平衡或牵引绳、缆风绳发生损坏而倒杆，倒杆后杆塔与地面撞击移动和杆塔上的缆风绳飞出等伤及作业人员，因此规定作业人员应处于 1.2 倍杆塔高度的距离以外。

9.3.4 立杆及修整杆坑时，应有防止杆身倾斜、滚动的措施，如采用拉绳和叉杆控制等。

【解读】立杆及修整杆坑时，由于杆塔尚未有效固定，杆身会因为受力不匀发生倾斜、滚动而造成倒杆、伤人。因此，应采取拉绳和叉杆控制等措施维持杆塔稳定。

9.3.5 顶杆及叉杆只能用于竖立 8m 以下的拔梢杆，不准用铁锹、桩柱等代用。立杆前，应开好"马道"。作业人员要均匀地分配在电杆的两侧。

【解读】顶杆是小型木质人工立杆工具；叉杆是小型木质人字抱杆。由于承重能力和长度都有一定限制，为保证作业过程中的安全，因此规定只能立 8m 以下较轻的拔梢杆。

铁锹把细且短，承力较小；桩柱顶杆时容易打滑或长度不够，因此不能代替顶杆和叉杆。

马道是为了便于竖立电杆时能够使杆根顺利进入杆坑,在坑口开挖的与地平面成 45° 的杆根导向槽。

立杆时作业人员均匀地分配在电杆两侧,防止作业时,由于受力不均而导致电杆重量偏向一侧发生人员伤害事故。

9.3.6 利用已有杆塔立、撤杆,应先检查杆塔根部及拉线和杆塔的强度,必要时增设临时拉线或其他补强措施。

【解读】杆塔在运行中,可能出现根部的紧固螺栓缺失、松动,杆身弯曲、杆件缺失和拉绳松动等异常情况。利用已有的杆塔立、撤杆时,改变了旧杆塔的受力状况,因此,杆塔受力前应检查杆塔根部、拉线和杆塔强度,保证杆塔强度能够满足立、撤杆塔承载力要求。当检查出旧杆塔不满足立、撤杆塔承载力要求时,应采取校紧杆塔、补强杆根基础、增设临时拉线等措施。

9.3.7 使用吊车立、撤杆时,钢丝绳套应挂在电杆的适当位置以防止电杆突然倾倒。吊重和吊车位置应选择适当,吊钩口应封好,并应有防止吊车下沉、倾斜的措施。起、落时应注意周围环境。

撤杆时,应先检查有无卡盘或障碍物并试拔。

【解读】使用吊车立杆时,吊点应放在电杆的重心以上适当高度,防止电杆吊起后电杆突然倾倒。吊车应放置平稳,距水沟和地下管道边缘应大于其坑深度的 1.2 倍。吊钩口封好的作用是防止钢丝绳滑出而造成被吊物脱钩。

吊物起、落时,应注意防止吊臂碰触周围的建筑物、电力线等设施,造成伤害。

撤杆时,先检查有无卡盘或障碍物,是为了防止由于卡盘或障碍物造成起重机异常受力,将会损坏起重机,甚至造成起重机倾覆。

9.3.8 使用倒落式抱杆立、撤杆时,主牵引绳、尾绳、杆塔中心及抱杆顶应在一条直线上。抱杆下部应固定牢固,抱杆顶部应设临时拉线控制,临时拉线应均匀调节并由有经验的人员控制。抱杆应受力均匀，两侧拉绳应拉好，不准左右倾斜。固定临时拉线时，不准固定在有可能移动的物体上，或其他不牢固的物体上。

使用固定式抱杆立、撤杆，抱杆基础应平整坚实，缆风绳应分布合理、受力均匀。

【解读】倒落式抱杆立杆时，主牵引绳、尾绳、杆塔中心及抱杆顶处在一条直线上，防止立杆过程中杆塔侧向受力而倒杆。

临时拉线在立、撤杆过程中用于控制杆塔稳定，若固定在可能移动物体（如汽车）和其他不牢固物体（如根系不发达、细小、脆弱小树）上，临时拉线受力后，固定物移动或损坏而使临时拉线失去固定作用，将会导致杆塔受力不平衡而发生倒杆。

固定抱杆在立杆过程中，抱杆承受杆塔的重量及牵引钢丝绳的拉力，通过抱杆传递至抱杆下部和缆风绳上，抱杆基础平整坚实和缆风绳合理分布，可防止起吊过程抱杆不均匀沉降或倾斜，以及造成抱杆折弯或折断。

9.3.9 整体立、撤杆塔前应进行全面检查，各受力、连接部位全部合格方可起吊。立、撤杆塔过程中，吊件垂直下方、受力钢丝绳的内角侧禁止有人。杆顶起立离地约 0.8m 时，应对杆塔进行一次冲击试验，对各受力点处做一次全面检查，确无问题，再继续起立；杆塔起立 70° 后，应减缓速度，注意各侧拉线；起立至80° 时，停止牵引，用临时拉线调整杆塔。

【解读】整体立、撤杆塔时，起吊点和杆塔连接部位承受杆塔的全部重量，起重前应检查起吊点和各连接部位合格，防止起吊过程中杆塔变形损坏和损伤钢丝绳。

立、撤杆塔过程中应检查钢丝绳或千斤绳不发生明显变形、断裂，开门滑车可靠封闭，防止钢丝绳、千斤绳损坏或钢丝绳滑出开门滑车而倒杆。

各转角点处的钢丝绳受力后，转角处的钢丝绳受力方向在内角侧，如果转角处的转向滑车损坏或钢丝绳断裂，钢丝绳将会弹向转角点的内角侧，因此吊件受力钢丝绳内角侧禁止有人。此外，为防止倒杆塔及吊件坠落，吊件垂直下方禁止有人。

整体立杆时，杆塔刚离开地面，各起吊受力点和杆塔的各连接部位已全面受力，通过冲击试验，检查各起吊受力点塔材和杆塔连接部位是否变形，钢丝绳是否有损伤，防止杆塔起立过程损坏或出现事故；为防止过牵引而杆塔倒向牵引侧，杆塔起立至70°后，应减缓速度，注意各侧拉线；起立至80°时，停止牵引，用临时拉线调整杆塔。

9.3.10 立、撤杆作业现场，不准利用树木或外露岩石作受力桩。一个锚桩上的临时拉线不准超过两根，临时拉线不准固定在有可能移动或其他不可靠的物体上。临时拉线绑扎工作应由有经验的人员担任。临时拉线应在永久拉线全部安装完毕承力后方可拆除。

【解读】立、撤杆中使用的临时锚桩承受主牵引绳和临时拉线的拉力。杆塔的临时拉线在立、撤杆过程中需要随时调整和改变使用角度，由于树木根系无法判断或树干的承载能力小而起不到锚固作用；锚固在外露岩石上的临时拉线调整受到限制，且树木、岩石承载能力和使用角度变化时，容易脱出使临时拉线失去作用，因此禁止用作受力桩。同一个锚桩上有两个及以上缆风绳调整时相互干扰，而影响杆塔的稳定性。

临时拉线在立、撤杆过程中，需要临时固定和调整，固定后临时拉线的承力拉力集中在固定点上，有经验的人员绑扎后能够防止受力后滑跑，又能够在需要时迅速解开以便调整。杆塔没有稳固前，依靠临时拉线保证杆塔的稳定，应在永久拉线全部安装完毕后才能拆除。

9.3.11 杆塔分段吊装时，上下段连接牢固后，方可继续进行吊装工作。分段分片吊装时，应将各主要受力材连接牢固后，方可继续施工。

【解读】分段吊装的杆塔需先由作业人员将上下段杆塔连接牢固后才能完成下一步吊装作业。

分段分片吊装时，主要受力构件连接后才能承担起组装过程中作业人员的重量和移动时的作用力；同时主受力材连接不牢固易发生构件松动而无法组装，因此应将各主要受力材连接牢固后，方可继续施工。

9.3.12 杆塔分解组立时，塔片就位时应先低侧、后高侧。主材和侧面大斜材未全部连接牢固前，不准在吊件上作业。提升抱杆时应逐节提升，禁止提升过高。单面吊装时，抱杆倾斜不宜超过15°；双面吊装时，抱杆两侧的荷重、提升速度及摇臂的变幅角度应基本一致。

【解读】杆塔分解组立时，杆塔一般从下往上逐片安装，下部连接牢固后作业人员才能逐段向上攀登继续往上连接。为保证作业人员的安全和杆塔组立，应先将主要受力的主材和大斜材连接牢固后，才能在吊件上继续作业。

使用抱杆立塔时，抱杆弯曲度应不超过1/6000，弯曲度超过标准将降低抱杆的承载能力。抱杆倾斜角度过大，其承重力明显下降，因此规定单面吊装时抱杆不宜倾斜超过15°。为保证抱杆双面吊装过程中缆风绳的受力均匀和抱杆受力平衡，抱杆两则荷重和提升速度及摇臂的变幅角度应基本一致。

9.3.13 在带电设备附近进行立、撤杆工作，杆塔、拉线与临时拉线应与带电设备保持表19所列安全距离，且有防止立、撤杆过程中拉线跳动和杆塔倾斜接近带电导线的措施。

【解读】立、撤杆过程中，杆塔、使用的起重机械、牵引绳、临时拉线（缆风绳）在受力过程中，高度和角度随着杆塔起立高度发生变化。因临时拉线控制不稳或张力突然释放而跳动接近带电导线，因此在带电设备附近进行立、撤杆，应采取匀速慢起慢放，及时固定临时拉线，在带电导线附近使用临时拉线时应在临时拉线上加装下压限位滑车等措施，确保杆塔、临时拉线等与带电导线的距离符合本规程表19所列的安全距离。

9.3.14 已经立起的杆塔，回填夯实后方可撤去拉绳及叉杆。回填土块直径应不大于30mm，回填应按规定分层夯实。基础未完全夯实牢固和拉线杆塔在拉线未制作完成前，禁止攀登。

杆塔施工中不宜用临时拉线过夜；需要过夜时，应对临时拉线采取加固措施。

【解读】新立杆塔基础未回填夯实时杆塔不稳定，撤去拉绳和叉杆易造成倒杆。回填土块直径超过30mm和回填层过厚后难以夯实，不能保证杆塔稳定。拉线杆塔在拉线未制作完成前不够稳定。因此，基础未夯实和拉线未制作完成，禁止攀登杆塔开展作业。

临时拉线在立、撤杆过程中一般采取绳扣进行固定，绳扣容易松开。因此，过夜时应在绳扣的基础上再用绳卡加固。

9.3.15 检修杆塔不准随意拆除受力构件，如需要拆除时，应事先做好补强措施。调整杆塔倾斜、弯曲、拉线受力不均或迈步、转向时，应根据需要设置临时拉线及其调节范围，并应有专人统一指挥。

杆塔上有人时，不准调整或拆除拉线。

【解读】杆塔的受力部件是杆塔的主要结构件和承力件，拆除后容易对杆塔整体受力结构改变而导致杆塔受损或变形。因此，拆除前应作好补强措施。

调整杆塔倾斜、弯曲、拉线受力不均，需要通过松紧拉线进行配合调整，超过拉线调节范围时应使用临时拉线。采取开挖基础和拆除原有拉线调整杆塔塔腿迈步，以及放松拉线调整杆塔转向时，为保证杆塔的稳固性，在拆除和松弛拉线前应事先设置临时拉线。由于以上作业需要多组人员配合施工应指定专人指挥。

调整或拆除拉线会破坏杆塔的受力平衡，为防止意外倒杆伤人及调整中杆塔部件异常变化造成塔上的作业人员受惊吓失稳坠落,故杆塔上有人作业时,不准调整或拆除拉线。

9.4 放线、紧线与撤线。

9.4.1 放线、紧线与撤线工作均应有专人指挥、统一信号,并做到通信畅通、加强监护。工作前应检查放线、紧线与撤线工具及设备是否良好。

【解读】放线、紧线与撤线工作需要安排人员在两端和中间交叉跨越点等多处配合指挥才能完成且一般距离较远。所以该类工作开始前,应明确施工总指挥人员、指挥信号和工作过程中传递指挥信号的工具,在工作地段交叉跨越电力线路、交通道路、建筑物等对作业安全有影响的各处,应指定人员监护。

为确保放线、紧线和撤线工作中的人身、设备安全,使用的牵引绳、牵引绳连接器、导线与牵引绳之间的连接应可靠,放线滑车、牵引机具、放线架、张力机等设备应检查运行正常、制动可靠。

9.4.2 交叉跨越各种线路、铁路、公路、河流等放、撤线时,应先取得主管部门同意,做好安全措施,如搭好可靠的跨越架、封航、封路、在路口设专人持信号旗看守等。

【解读】为防止放、撤线过程中由于过牵引或导线松弛等原因接触、接近带电线路放电造成人员触电;防止铁路、公路上车辆和河流中船舶刮碰,强拉导线而造成事故。交叉跨越各种线路、铁路、公路、河流等放拆线前,应与相关主管部门联系并取得同意,并采取搭设跨越架、封路、封航等措施。

9.4.3 放线、紧线前,应检查导线有无障碍物挂住,导线与牵引绳的连接应可靠,线盘架应稳固可靠、转动灵活、制动可靠。放线、紧线时,应检查接线管或接线头以及过滑轮、横担、树枝、房屋等处有无卡住现象。如遇导、地线有卡、挂住现象,应松线后处理。处理时操作人员应站在卡线处外侧,采用工具、大绳等撬、拉导线。禁止用手直接拉、推导线。

【解读】导线如被障碍物挂住，将造成过牵引而导致导线对交叉跨越距离不可控、跨越架、杆塔异常受力等导致意外和损伤导线。放线、紧线过程中导线与牵引绳之间连接是关键受力点，其连接可靠可防止牵引过程中脱落。线盘架稳固可靠、转动灵活、制动可靠是保证导线顺畅展放的作业重要条件。

放线、紧线过程中导线出现卡住时，应采取松线的方式释放导线张力，张力释放后，由于导线自重作用导线还有一定的张力，因此处理卡挂时应在卡线点导线合力方向的外侧使用工具、大绳等撬、拉导线，防止处理过程中导线在卡线处的张力突然释放，发生弹起或冲击而伤人。

9.4.4 放线、紧线与撤线工作时，人员不准站在或跨在已受力的牵引绳、导线的内角侧和展放的导、地线圈内以及牵引绳或架空线的垂直下方，防止意外跑线时抽伤。

【解读】放线、紧线与撤线时，导线与牵引之间有连接、转向滑车与转角点有连接，转向滑车和放线滑车一般都使用开门滑车，各连接部位如发生意外而脱离、断裂或开门滑车不正常使用都可能造成导线牵引力的突然释放而伤及作业人员。

9.4.5 紧线、撤线前，应检查拉线、桩锚及杆塔。必要时，应加固桩锚或加设临时拉绳。拆除杆上导线前，应先检查杆根，做好防止倒杆措施，在挖坑前应先绑好拉绳。

【解读】由于紧线、撤线过程中会改变杆塔的受力。工作前，应对杆塔的拉线、桩锚、杆塔及拉线基础和杆塔螺栓稳固性检查，防止杆塔受力后变形或垮塌。当杆塔不平衡受力和杆塔稳固不符合要求时，在挂线、紧线前应加固锚桩或加装临时拉线进行补强。拆除杆上导线时，由于改变了杆塔的平衡力，应先检查杆根并做好相应的加固措施。检查杆根需要开挖时，为防止开挖过程中倒杆，在开挖前要打好临时拉线。

9.4.6 禁止采用突然剪断导、地线的做法松线。

【解读】突然剪断导、地线时，导致杆塔受力平衡遭到破坏，在导线断开时杆塔受到的冲击力会导致杆塔损坏，甚至垮塌和使作业人员伤害。剪断的导、地线也会因为应力突变而弹跳、缠绕伤及作业人员。

9.4.7 放线、撤线工作中使用的跨越架，应使用坚固、无伤、相对较直的木杆、竹竿、金属管等，且应具有能够承受跨越物重量的能力，否则可双杆合并或单杆加密使用。搭设跨越架应在专人监护下进行。

【解读】放线、撤线过程中使用的跨越架，需要承受搭设人员的重量，放线、撤线时导线的重量以及跑线、断线的冲击荷载和大风造成的风压等。因此，搭设跨越架的材料应有一定的强度，结构也应牢固。跨越架搭设是高处作业，同时需要与跨越物保持足够的距离，作业中应由有经验的人员监护。

9.4.8 跨越架的中心应在线路中心线上，宽度应超出所施放或拆除线路的两边各 1.5m，架顶两侧应装设外伸羊角。跨越架与被跨电力线路应不小于表 4 规定的安全距离，否则应停电搭设。

【解读】为防止牵引过程中，导线由于摆动或风偏超出跨越架，搭设的跨越架中心应在准备放、拆线线路的中心线上，跨越架的宽度应大于准备放、拆线的线路的宽度，并在跨越架两边设羊角架。若施工线路与跨越物存在一定角度时，应增加跨越架宽度。

跨越架架顶宽度一般按下列公式计算。（DL/T 5106—1999《跨越电力线路施工规程》）。

$$B \geq \frac{1}{\sin\gamma}[2(Z_x+1.5)+b]$$

式中　B——跨越架架顶宽度，m；

　　　Z_x——施工线路导、地线等安装气象条件下跨越点处风偏距离，m；

　　b——跨越架所遮护的施工线路最外侧导、地线间在横线
　　　　路方向的水平宽度，m;

　　γ ——跨越架交叉角，rad。

　　跨越架是保证需要放线、撤线的线路与被跨越物跨越距离的
措施。搭设中和完成后，跨越架均应与电力线路保持安全距离，
无法保证时应采取停电措施。

9.4.9 各类交通道口的跨越架的拉线和路面上部封顶部分，应悬
挂醒目的警告标志牌。

　　【解读】交通道路上的跨越架改变了道路的空间距离，需要
在跨越架的主要部件上设置交通警告标志牌，以防止车辆、行人
碰撞，造成人身伤害或跨越架倒塌。夜晚或光线较弱时，施工区
域应设反光警告标志牌或红灯警示。

9.4.10 跨越架应经验收合格，每次使用前检查合格后方可使用。
强风、暴雨过后应对跨越架进行检查，确认合格后方可使用。

　　【解读】跨越架在放线、拆线过程中需要承力，搭设完成后应
验收合格。使用前应对跨越架主体结构、承力部件和顶部封网进
行检查，符合要求才能使用。强风和暴雨对跨越架稳定性会产生
影响，如连接部分可能松动、跨越架可能变形、拉线可能断裂、
暴雨冲刷后地锚的埋深度不够，顶部封网可能脱落或松弛等。因
此，对其进行检查，确认合格后方可使用。

9.4.11 借用已有线路做软跨放线时，使用的绳索应符合承重安
全系数要求。跨越带电线路时应使用绝缘绳索。

　　【解读】软跨是借助已有电力线路用绳索和放线滑车或在杆
塔之间搭设封网的跨越形式，其主要承力部件是绳索，绳索安全
系数应不小于 3 倍（DL/T 5106—1999《跨越电力线路施工规程》），
展放的导线与带电线路的安全距离应符合本规程表 19 要求。跨
越带电线路时使用绝缘绳索，以防止放线中接触、接近带电线路
导致人身触电。

9.4.12 在交通道口使用软跨时,施工地段两侧应设立交通警示标志牌,控制绳索人员应注意交通安全。

【解读】用绳索和滑车构成的软跨,需要在道路上根据软跨承受导线与跨越物的距离随时调节绳索的高度。为保证作业人员安全,应按交通提示标志设置标准,在作业区域设置相应的交通警示标志牌。工作中除控制绳索人员外,还需要有专人指挥控制导线牵引张力和车辆通行,防止车辆刮碰导线。

9.4.13 张力放线。

9.4.13.1 在邻近或跨越带电线路采取张力放线时,牵引机、张力机本体、牵引绳、导地线滑车、被跨越电力线路两侧的放线滑车应接地。操作人员应站在干燥的绝缘垫上。并不得与未站在绝缘垫上的人员接触。

【解读】采取张力放线能够有效地控制展放的导线与交叉跨越物的距离,在邻近或跨越带电线路时应采用张力放线。为防止在牵引的导线中有感应电,邻近和跨越电力线路处的牵引机、张力机本体、牵引绳、放线滑车等都应接地。

邻近 750kV 电压等级线路放线时操作人员应站在特制的金属网上,金属网应接地是采用 Q/GDW 113—2004《750kV 架空送电线路张力架线施工工艺导则》5.5.7 的规定,该标准升格为行业标准(DL/T 5343—2006)时将该条修改成与 DL 5009.2—2004《电力建设安全工作规程 第 2 部分:架空电力线路》12.10 规定相同的内容,即作业人员应站在干燥的绝缘垫上,并不得与未站在绝缘垫上的人员接触。

9.4.13.2 雷雨天不准进行放线作业。

【解读】避免雷雨天气时雷电在导线中产生的雷电流对作业人员伤害。

9.4.13.3 在张力放线的全过程中,人员不准在牵引绳、导引绳、导线下方通过或逗留。

【解读】张力放线时牵引绳、导引绳、导线中都有一定张力存在，如意外发生导线与牵引绳脱离、导线或牵引绳断裂、跑线等情况，会对下方人员造成伤害。

9.4.13.4 放线作业前应检查导线与牵引绳连接可靠牢固。

【解读】放线前检查导线与牵引绳之间的连接，防止牵引过程中连接脱落造成人员伤害。

10 高 处 作 业

10.1　凡在坠落高度基准面 2m 及以上的高处进行的作业，都应视作高处作业。

【解读】 GB/T 3608—2008《高处作业分级》规定的高处作业定义为：在距坠落高度基准面 2m 或 2m 以上有可能坠落的高处进行的作业。

高处作业的两个要点如下：

（1）通过可能坠落范围内最低处的水平面称为坠落高度基准面。基准面不一定是地面。

（2）有可能坠落的高处。如果作业面很高，但是作业环境良好，不存在坠落的可能性，则不属于高处作业。如大楼平台上作业，周围有安全的围墙，此时作业就不属于高处作业）。

依据 GB/T 3608—2008《高处作业分级》第 4.3 条，高处作业的级别为：作业高度在 2~5m 时，称为一级高处作业；作业高度在 5~15m（不含 5m）时，称为二级高处作业；作业高度在 15~30m（不含 15m）时，称为三级高处作业；作业高度在 30m 以上时，称为特级高处作业。

高处作业工作点下方应设遮栏或其他保护措施。安全遮栏应按照坠落范围半径设置。不同高度的可能坠落范围半径见表 10-1。

表 10-1　不同高度的可能坠落范围半径　　　　　　　　　　　m

作业位置至其底部的垂直距离	$2 \leqslant h \leqslant 5$	$5 < h \leqslant 15$	$15 < h \leqslant 30$	$h > 30$
其可能坠落范围半径	3	4	5	6

注　1. 在作业位置可能坠落到的最低点称为该作业位置的最低坠落着落点。

　　2. 此表数据依据 GB/T 3608—2008《高处作业分级》附录 A 中的 A.1。

10.2 凡参加高处作业的人员，应每年进行一次体检。

【解读】参加高处作业的人员应身体健康。《特种作业人员安全技术培训考核管理规定》（安全监管总局令第30号）规定，直接从事特种作业的从业人员应经社区或者县级以上医疗机构体检健康合格，并无妨碍从事相应特种作业的器质性心脏病、癫痫病、美尼尔氏症、眩晕症、癔病、震颤麻痹症、精神病、痴呆症以及其他疾病和生理缺陷。每年进行一次体检的目的就是确保高处作业人员的作业安全。

10.3 高处作业均应先搭设脚手架、使用高空作业车、升降平台或采取其他防止坠落措施，方可进行。

10.4 在坝顶、陡坡、屋顶、悬崖、杆塔、吊桥以及其他危险的边沿进行工作，临空一面应装设安全网或防护栏杆，否则，作业人员应使用安全带。

【解读】在屋顶、悬崖、杆塔及其他危险的边沿进行工作时，临空一面应装设安全网或防护栏杆，防护栏杆要符合安装要求（应设1050~1200mm高的栏杆，在栏杆内侧设180mm高的侧板），如安全网或防护栏杆安全设施可靠，没有发生高处坠落的可能，可不使用安全带。否则，工作人员应使用安全带。

10.5 峭壁、陡坡的场地或人行道上的冰雪、碎石、泥土应经常清理，靠外面一侧应设1050mm~1200mm高的栏杆。在栏杆内侧设180mm高的侧板，以防坠物伤人。

【解读】峭壁、陡坡的场地和人行道上的冰雪、碎石、泥土等能造成作业人员滑倒坠落应经常清理，同时碎石和泥土块等高处坠落还能造成落物伤人。靠外侧设置高度1050~1200mm的栏杆，在栏杆内侧设180mm侧板，既是防止高空坠落也是防止高空落物的措施。

10.6 在没有脚手架或者在没有栏杆的脚手架上工作，高度超过1.5m时，应使用安全带，或采取其他可靠的安全措施。

【解读】在没有脚手架或者在没有栏杆的脚手架上工作，高度超过 1.5m、小于 2m 虽不属于高处作业，但是发生高处坠落事故仍然会造成人身伤害，因此应正确使用安全带，或采取其他可靠的安全措施。

10.7 安全带和专作固定安全带的绳索在使用前应进行外观检查。安全带应按附录 M 定期检验，不合格的不准使用。

【解读】现场使用的安全带应符合 GB 6095—2009《安全带》和 GB/T 6096—2009《安全带测试方法》的规定。

安全带在使用前应进行检查，并应定期进行静荷重试验，试验后检查是否有变形、破裂等情况，并做好试验记录。不合格的安全带应作报废处理，不准再次使用。

安全带使用前的外观检查主要包括：

（1）组件完整、无短缺、无伤残破损。

（2）绳索、编带无脆裂、断股或扭结。

（3）金属配件无裂纹、焊接无缺陷、无严重锈蚀。

（4）挂钩的钩舌咬口平整不错位，保险装置完整可靠。

（5）铆钉无明显偏位，表面平整等。

依据 GB 24543—2009《坠落防护安全绳》的规定，用作固定安全带的绳索使用前的外观检查主要包括：

（1）末端不应有散丝。

（2）绳体在构件上或使用过程中不应打结。

（3）所有零件顺滑，无尖角或锋利边缘等。

10.8 在电焊作业或其他有火花、熔融源等的场所使用的安全带或安全绳应有隔热防磨套。

【解读】使用有隔热防磨套的安全带或安全绳能防止电焊作业时落下的电焊渣以及其他火花、熔融源落在安全带或安全绳上，从而在达到一定温度时，安全带或安全绳意外熔断。同时，防止安全带或安全绳遇尖锐边角磨损、磨断造成的高处坠落伤害事故。

10.9 安全带的挂钩或绳子应挂在结实牢固的构件或专为挂安全带用的钢丝绳上，并应采用高挂低用的方式。禁止系挂在移动或不牢固的物件上［如隔离开关（刀闸）支持绝缘子、瓷横担、未经固定的转动横担、线路支柱绝缘子、避雷器支柱绝缘子等］。

【解读】安全带的高挂是指挂钩挂在高过腰部的地方。安全带应采取高挂低用的方式，在特殊施工环境安全带没有地方挂的情况下，可采用装设悬挂挂钩的钢丝绳，并确保安全可靠。

安全带在低挂高用或是挂在移动或不牢固物体上的情况下将无法起到有效保护作用。

隔离开关（刀闸）支持绝缘子、线路支柱绝缘子、避雷器支柱绝缘子等设备，由于本身的物理状态（如：支柱绝缘子"细""长"，设备"头重脚轻"），加之瓷横担是脆性材料，极易造成瓷横担断裂、且未经固定的转动横担是不固定的悬挂点，因此禁止将安全带挂在这些设备上。

10.10 高处作业人员在作业过程中，应随时检查安全带是否拴牢。高处作业人员在转移作业位置时不准失去安全保护。钢管杆塔、30m 以上杆塔和 220kV 及以上线路杆塔宜设置作业人员上下杆塔和杆塔上水平移动的防坠安全保护装置。

【解读】高处作业过程中随时需要转移工作地点，因此应随时检查安全带是否拴牢。尤其在移动作业过程中，应采取双保险安全绳配合使用的"双保险"措施。

输电线路杆塔上作业时，在攀登杆塔、横担上水平移动、导地线上等工作过程中，作业人员都需要移动或转位，采取防坠安全保护装置，可以保证杆塔上移位时不失去安全保护。

10.11 高处作业使用的脚手架应经验收合格后方可使用。上下脚手架应走坡道或梯子，作业人员不准沿脚手杆或栏杆等攀爬。

【解读】脚手架验收合格的基本要求是：

（1）脚手架选用的材料应符合有关规范、规程、规定。

（2）脚手架应具有稳定的结构和足够的承载力。如：脚手架应整体牢固，无晃动、无变形；脚手架组件无松动、缺损。

（3）脚手架的搭设应符合有关规范、规程、规定，如 JGJ 130—2011《建筑施工扣件式钢管脚手架安全技术规范》等。

（4）脚手架工作面的脚手板齐全、栏杆完好。

（5）三级以上高处作业的脚手架应安装避雷设施。

（6）应搭设施工人员上下的专用扶梯、斜道等。

（7）脚手架要与邻近的架空线保持安全距离，地面四周应设围栏和警示标志。邻近坎、坑的脚手架有防止坎、坑边缘崩塌的防护措施。

脚手架斜道是施工操作人员的上下通道，并可兼作材料的运输通道，斜道可分为"一"字型和"之"字型，斜道两侧应装栏杆。为确保人身安全，人员上下脚手架应走斜道或梯子。

脚手杆或栏杆等攀爬过程中易出现人员脱手坠落，而且攀爬过程中易造成脚手架倾覆，所以禁止攀爬。

10.12 高处作业应一律使用工具袋。较大的工具应用绳拴在牢固的构件上，工件、边角余料应放置在牢靠的地方或用铁丝扣牢并有防止坠落的措施，不准随便乱放，以防止从高空坠落发生事故。

【解读】所有有坠落可能的物件，应妥善放置或加以固定。高处作业中所用的物料，均应堆放平稳，不妨碍通行和装卸。工具应随手放入工具袋，较大的工具应用绳拴在牢固的构件上。

10.13 在进行高处作业时，除有关人员外，不准他人在工作地点的下面通行或逗留，工作地点下面应有围栏或装设其他保护装置，防止落物伤人。如在格栅式的平台上工作，为了防止工具和器材掉落，应采取有效隔离措施，如铺设木板等。

【解读】为防止高空坠物伤害到高处作业地点下面的人员，在工作地点下面应设置围栏或其他保护装置，以阻止无关人员随意通行、逗留，并起到警示作用。格栅式平台因有缝隙，故要求采取有效隔离措施（如铺设木板、竹篱笆等）防止坠物伤人。

10.14 当临时高处行走区域不能装设防护栏杆时，应设置1050mm 高的安全水平扶绳，且每隔 2m 设一个固定支撑点。

【解读】在杆塔上水平行走时应不失去安全保护，不能装设防护栏杆时，应在作业移动范围设置高度为 1050mm 水平扶绳，确保作业人员移动时的安全，每隔 2m 设一个支撑点，保证扶绳的稳定。

10.15 高处作业区周围的孔洞、沟道等应设盖板、安全网或围栏并有固定其位置的措施。同时，应设置安全标志，夜间还应设红灯示警。

【解读】高处作业区周围孔洞、沟道采取的一系列防护措施，主要为防止高空坠落。孔洞、沟道上还应设置安全标志，夜间设红灯，以警示无关人员不要靠近。

10.16 低温或高温环境下进行高处作业,应采取保暖和防暑降温措施,作业时间不宜过长。

【解读】根据 GB/T 14440—1993《低温作业分级》的定义，低温作业指在生产劳动过程中，其工作地点平均气温等于或低于5℃的作业。

根据 GB/T 4200—2008《高温作业分级》的定义，作业和工作场所高温作业（工业场所高温作业）指在生产劳动过程中，工作地点平均湿球黑球温度（WBGT）指数≥25℃的作业。WBGT 指数是用来评价高温车间气象条件的。它综合考虑空气温度、风速、空气湿度和辐射热四个因素。WBGT 是由黑球、自然湿球、干球三个部分温度构成的。高温天气指地市级以上气象主管部门所属气象台站向公众发布的日最高气温 35℃以上的天气。

在冬季低温气候下进行露天高处作业，必要时应该在施工地区附近设有取暖的休息处所，取暖设备应有专人管理，注意防火；高温天气下进行露天高处作业时，应注意防暑降温，可采取灵活的作息时间，作业时间不宜过长。

10.17 在 5 级及以上的大风以及暴雨、雷电、冰雹、大雾、沙尘暴等恶劣天气下，应停止露天高处作业。特殊情况下，确需在恶劣天气进行抢修时，应组织人员充分讨论必要的安全措施，经本单位批准后方可进行。

【解读】 由于阵风在 5 级(风速 8.0～10.7m/s)时[GB/T 3608—2008《高处作业分级》4.2 a)的规定]的大风使高处作业人员的平衡性大大降低，容易造成高处坠落；雷电极易造成高处作业人员遭受雷击伤害；大雾、沙尘暴等使作业人员视线不清，导致作业人员无法作业，并可造成人员意外伤害等。因此，在阵风 5 级以上的大风以及暴雨、雷电、冰雹、大雾、沙尘暴等恶劣天气下，应停止露天高处作业。同时要做好吊装构件、机械等的稳固工作。特殊情况下，确需在恶劣天气进行抢修时，应采取必要的安全措施，经本单位批准后方可进行。

10.18 梯子应坚固完整，有防滑措施。梯子的支柱应能承受作业人员及所携带的工具、材料攀登时的总重量。

【解读】 使用中的梯子支柱、梯档及相关附件等结构应完整，梯脚底部应坚实并有防滑套。应根据地面和工作地点情况设置防滑措施，主要包括：在硬地面使用的梯脚底部应有防滑橡胶套或橡胶布，在软质地面使用的梯脚底部应带有尖头的金属物，在管道或钢绞线上使用时的梯子上端应用挂钩钩住。无法采用以上措施时可用绳索将梯子与固定物缚住。若已采用上述方法仍不能使梯子稳固时，可派人扶住，以防梯子下端滑动，但应做好防止落物伤害扶梯人员的安全措施。

10.19 硬质梯子的横档应嵌在支柱上，梯阶的距离不应大于40cm，并在距梯顶 1m 处设限高标志。使用单梯工作时，梯与地面的斜角度为 60° 左右。

梯子不宜绑接使用。人字梯应有限制开度的措施。

人在梯子上时，禁止移动梯子。

【解读】作业人员站立在梯顶处，易造成重心后倾失去平衡而坠落，因此，应在距单梯顶部 1m 处设限高标志。

使用单梯工作时，梯与地面的斜角度为 60° 左右，其目的是保证人员作业时的平衡、稳定。梯子与地面的夹角太大，人员重心后倾，稳定性相对就差，作业时容易失去平衡而造成高处坠落事故。梯子与地面的斜角度太小，梯脚与地面的摩擦力将减小，人员作业时梯脚与地面产生滑动，梯顶沿支撑面下滑进而造成人身伤害事故。

梯子不宜绑接使用。因为如果绑接的强度不够，将会造成梯子使用时变形、折断进而造成人员伤害事故。如果某种情况下需要梯子连接使用时，应用金属卡子接紧，或用铁丝绑接牢固。且接头不得超过 1 处，连接后梯梁的强度不应低于单梯梯梁的强度。

人字梯应有限制开度的措施。即人字梯应具有坚固的铰链和限制开度的拉链。

人在梯子上时，禁止移动梯子。因为人在梯子上移动时，重量较重，平衡性也差，稍有偏差、晃动，将会造成人员坠落事故。

10.20 使用软梯、挂梯作业或用梯头进行移动作业时，软梯、挂梯或梯头上只准一人工作。作业人员到达梯头上进行工作和梯头开始移动前，应将梯头的封口可靠封闭，否则应使用保护绳防止梯头脱钩。

【解读】软梯、挂梯一般按承载一个作业人员设计，强度不能承载多人，且多人在梯头上工作影响梯头的稳定性，因此规定只准一人工作。使用梯头在导线上移动时，为防止梯头从导线上脱落，应先将梯头封口可靠封闭后方可移动，如无封口钩应采取其他措施进行封闭。

10.21 脚手架的安装、拆除和使用，应执行《国家电网公司电力安全工作规程［火（水）电厂（动力部分）］》中的有关规定及国家相关规程规定。

【解读】脚手架的安装、拆除和使用，应执行《国家电网公司电力安全工作规程[火（水）电厂（动力部分）》的有关规定及按照 JGJ 166—2008《建筑施工碗扣式钢管脚手架安全技术规范》、JGJ 128—2010《建筑施工门式钢管脚手架安全技术规范》、JGJ 130—2011《建筑施工扣件式钢管脚手架安全技术规范》、JGJ 164—2008《建筑施工木脚手架安全技术规范》、Q/GDW 274—2009《变电工程落地式钢管脚手架搭设安全技术规范》等执行。

脚手架在使用过程中要定期进行检查和维护。

10.22 利用高空作业车、带电作业车、叉车、高处作业平台等进行高处作业，高处作业平台应处于稳定状态，需要移动车辆时，作业平台上不准载人。

【解读】作业平台不稳定，作业人员易失去平衡，发生高处坠落或无法保持安全距离。因此，高处作业平台应采取固定措施，且作业时要带好安全带。

需要移动车辆时，作业平台上不得载人（自行式高空车除外，因自行式高空车操作系统在作业平台上。但需要移动车辆时，应将作业臂收回）。因为人在作业平台上移动时，重量较重，平衡性也差，稍有偏差、晃动，将会造成人员坠落，还有可能造成人员误碰触带电体。

11 起 重 与 运 输

11.1 一般注意事项。

11.1.1 起重设备经检验检测机构监督检验合格，并在特种设备安全监督管理部门登记。

【**解读**】依据《特种设备安全监察条例》（自 2009 年 5 月 1 日起施行）和《国务院关于修改〈特种设备安全监察条例〉的决定》（中华人民共和国国务院令第 549 号）制定。

11.1.2 起重设备的操作人员和指挥人员应经专业技术培训，并经实际操作及有关安全规程考试合格、取得合格证后方可独立上岗作业，其合格证种类应与所操作（指挥）的起重机类型相符合。起重设备作业人员在作业中应严格执行起重设备的操作规程和有关的安全规章制度。

【**解读**】依据《特种设备安全监察条例》（自 2009 年 5 月 1 日起施行）、《国家质量监督检验检疫总局关于修改〈特种设备作业人员监督管理办法〉的决定》（国家质量监督检验检疫总局第 140 号令）制定。起重设备的操作人员和指挥人员应通过地方政府特种设备安全监督管理部门考核、取证上岗，其合格证种类应与所操作（指挥）的起重机类型相符合。

11.1.3 起重设备、吊索具和其他起重工具的工作负荷，不准超过铭牌规定。

【**解读**】为避免超载作业产生过大应力，使钢丝绳拉断、传动部件损坏、电动机烧毁，或由于制动力矩相对不够，导致制动失效等破坏起重机的整体稳定性，致使起重机发生整机倾覆、倾翻等恶性事故，故作此要求。

11.1.4 一切重大物件的起重、搬运工作应由有经验的专人负责，作业前应向参加工作的全体人员进行技术交底，使全体人员均熟悉起重搬运方案和安全措施。起重搬运时只能由一人统一指挥，必要时可设置中间指挥人员传递信号。起重指挥信号应简明、统一、畅通，分工明确。

【解读】技术交底应包含：现场环境及措施、工程概况及施工工艺、起重机械的选型、起重扒杆、地锚、钢丝绳、索具选用、地耐力及道路的要求、构件堆放就位图等。

安全措施主要包含：起重作业前，要严格检查各种设备、工具、索具是否安全可靠；多根钢丝绳吊运时，其夹角不得超过60°；锐利棱角应用软物衬垫，以防割断钢丝绳或链条等。

吊运重物时，严禁人员在重物下站立或行走，重物也不得长时间悬在空中；翻转大型物件，应事先放好枕木，操作人员应站在重物倾斜相反的方向，注意观察物体下落中心是否平衡，确认松钩不致倾倒时方可松钩等。

起重搬运一般由多人进行，有司机、挂钩工、辅助工等，由一人统一指挥，避免多人指挥使作业无法进行及可能造成设备、人身伤害。

指挥人员不能同时看清司机和负载时，应设置中间指挥人员传递信号，从而确保起重工作安全、顺利地进行。

起重指挥信号应简明、统一、畅通，分工明确。这是对起重指挥人员的基本要求，更是确保起重工作安全的必备条件。

11.1.5 雷雨天时，应停止野外起重作业。

【解读】野外进行的起重作业时，起重设备容易遭受雷击。

11.1.6 移动式起重设备应安置平稳牢固，并应设有制动和逆止装置。禁止使用制动装置失灵或不灵敏的起重机械。

【解读】移动式起重设备吊起重物前安放平稳牢固，防止承力后引起倾斜导致事故。制动和逆止装置保证起重设备可靠运行，制动和逆止装置失灵或不灵敏时应禁止使用。

11.1.7　起吊物件应绑扎牢固，若物件有棱角或特别光滑的部位时，在棱角和滑面与绳索（吊带）接触处应加以包垫。起重吊钩应挂在物件的重心线上。起吊电杆等长物件应选择合理的吊点，并采取防止突然倾倒的措施。

【解读】起吊物件有棱角时加包垫，一方面防止吊索滑脱，另一方面防止棱角伤起重绳索。特别光滑部位加包垫是防止吊索受力后滑脱。起重吊钩挂在重物重心线上是防止起吊受力后突然倾斜导致滑脱。起吊电杆等长物件时应根据起吊目的选择吊点位置，立、撤杆过程中的吊点应选择在重心以上，以防止立、撤杆过程中突然倾斜。

11.1.8　在起吊、牵引过程中，受力钢丝绳的周围、上下方、转向滑车内角侧、吊臂和起吊物的下面，禁止有人逗留和通过。

【解读】在起吊和牵引过程中，由于转向千斤绳索具受力后可能会出现断裂和转向开门滑车失控等原因，钢丝绳受力后弹起。为防止造成人身伤害，受力钢丝绳的周围、上下方、转向滑车内角侧、吊臂和起吊物的下面，禁止有人逗留和通过。

11.1.9　更换绝缘子串和移动导线的作业，当采用单吊（拉）线装置时，应采取防止导线脱落时的后备保护措施。

【解读】更换采用单吊（拉）线装置的绝缘子串或移动导线时，应采用增设高强度绝缘绳套（带）等后备保护措施，以防导线意外脱落。且其长度应与现场实际匹配，不宜过长；其额定使用荷载不得小于现场最大荷载，并留有防止冲击的裕度。

11.1.10　吊物上不许站人，禁止作业人员利用吊钩来上升或下降。

【解读】为避免吊物晃动造成的意外伤害，吊物上不许站人。吊钩是用来起吊起重物件的，它没有任何保证作业人员安全的设施、保险装置，因此，禁止作业人员利用吊钩来上升或下降。

11.2　起重设备一般规定。

11.2.1　没有得到起重机司机的同意，任何人不准登上起重机。

【解读】起重机作业时，其运行行走、回转的区域较大，起重作业过程中驾驶人员的注意力在吊件和起重指挥的操作指令上，站在起重设备上的任何部位都有可能因未被驾驶人员发现而导致伤害。

11.2.2 起重机上应备有灭火装置，驾驶室内应铺橡胶绝缘垫，禁止存放易燃物品。

【解读】防止火灾事故及触电事故。

11.2.3 在用起重机械，应当在每次使用前进行一次常规性检查，并做好记录。起重机械每年至少应做一次全面技术检查。

【解读】每次使用前的检查应包括：

（1）电气设备外观检查。

（2）检查所有的限制装置或保险装置以及固定手柄或操纵杆的操作状态。

（3）超载限制器的检查。

（4）气动控制系统中的气压是否正常。

（5）检查报警装置能否正常操作。

（6）吊钩和钢丝绳外观检查等。

全面技术检查应遵守 TSG Q7015—2008《起重机械定期检验规则》的规定。

11.2.4 起吊重物前，应由工作负责人检查悬吊情况及所吊物件的捆绑情况，认为可靠后方准试行起吊。起吊重物稍一离地（或支持物），应再检查悬吊及捆绑，认为可靠后方准继续起吊。

【解读】正式起吊重物前的安全措施很重要，只有捆绑牢固、正确以及悬吊情况良好，方能继续起吊。

11.2.5 禁止与工作无关人员在起重工作区域内行走或停留。

【解读】与工作无关人员在起重工作区域内行走或停留是非常危险的，一旦发生高空落物或被起重设备、被吊物件碰撞，将会发生人身伤害。

11.2.6 各式起重机应该根据需要安设过卷扬限制器、过负荷限制器、起重臂俯仰限制器、行程限制器、联锁开关等安全装置；其起升、变幅、运行、旋转机构都应装设制动器，其中起升和变幅机构的制动器应是常闭式的。臂架式起重机应设有力矩限制器和幅度指示器。铁路起重机应安有夹轨钳。

【解读】引用 GB 26164-1—2010《电业安全工作规程　第 1 部分：热力和机械》16.2.3 条，并参照 GB 6067.1—2010《起重机械安全规程　第 1 部分：总则》的内容作了部分修改、完善。

起重机械上的限制器和联锁开关是必要的安全装置，防止起重机超参数运行。通过力矩限制器和幅度指示器限制、标示起重机械的起重极限，便于起重机司机在操作过程中掌握起重机所处的状况，避免超载造成倾覆。铁路起重机（即轨道式起重机）应安有夹轨钳，防止溜车。

11.3 人工搬运。

11.3.1 搬运的过道应平坦畅通，如在夜间搬运，应有足够的照明。如需经过山地陡坡或凹凸不平之处，应预先制定运输方案，采取必要的安全措施。

【解读】平坦畅通的过道可保证人员行走方便，搬运物受力均匀、平稳。充足的照明，方便夜间搬运人员了解路况，避免意外。山地陡坡或凹凸不平之处，地面起伏变化大，易导致搬运人员受力不均，部分人员承重过大，造成设备摔坏或人身伤害，故要制定相应的运输方案和安全措施。

11.3.2 装运电杆、变压器和线盘应绑扎牢固，并用绳索绞紧。水泥杆、线盘的周围应塞牢，防止滚动、移动伤人。运载超长、超高或重大物件时，物件重心应与车厢承重中心基本一致，超长物件尾部应设标志。禁止客货混装。

【解读】采取车辆装运电杆、变压器和线盘时绑扎牢固，是防止由于车辆行驶过程中突然加速或紧急刹车时，由于惯性物体挤压驾驶室或从车辆上脱落等。运载超长、超高或重大物件时，物体重心与车厢承重中心基本一致是防止车辆受力倾斜而导致车辆倾覆事故。

11.3.3 装卸电杆等笨重物件应采取措施，防止散堆伤人。分散卸车时，每卸一根之前，应防止其余杆件滚动；每卸完一处，应将车上其余的杆件绑扎牢固后，方可继续运送。

【解读】电杆等圆形物体在装卸时，由于物体的滚动和重力挤压而导致散堆伤人。

11.3.4 使用机械牵引杆件上山时，应将杆身绑牢，钢丝绳不准触磨岩石或坚硬地面，牵引路线两侧 5m 以内，不准有人逗留或通过。

【解读】用钢丝绳牵引重物上山时钢丝绳触磨岩石或坚硬地面容易损伤钢丝绳，牵引过程中重物受力或由于上山通道过程中遇有障碍物，重物会出现偏移，因此牵引路线两侧 5m 以内不应有人。

11.3.5 多人抬杠，应同肩，步调一致，起放电杆时应相互呼应协调。重大物件不准直接用肩扛运，雨、雪后抬运物件时应有防滑措施。

【解读】多人抬杠时要求同肩是防止抬杠过程中，抬杠人员受干扰后，意外突然卸载，其他人员无法同时卸载而造成伤害。重大物件直接用肩扛运时无法调整和保持受力平衡。雨雪后抬物件时作业人员脚下滑动导致受力平衡破坏而造成事故。

12   配电设备上的工作

12.1   配电设备上工作的一般规定。

12.1.1   配电设备[包括 高压配电室、箱式变电站、配电变压器台架、低压配电室（箱）、环网柜、电缆分支箱]停电检修时，应使用第一种工作票；同一天内几处高压配电室、箱式变电站、配电变压器台架进行同一类型工作，可使用一张工作票。高压线路不停电时，工作负责人应向全体人员说明线路上有电，并加强监护。

【解读】同类型的高压配电室、箱式变电站、配电变压器台架的电气接线方式基本相同，现场作业的安全措施基本相同，同一类型同一天工作时可以共用一张工作票。每次工作转移，应按工作票要求做好安全措施，方可开始工作，并在工作票上记录每处的开工和结束时间。

高压线路不停电时，由于停电设备与带电线路之间的距离相对比较小，为防止人身触电，工作前工作负责人应向工作班成员说明作业现场带电部位，并加强监护。

12.1.2   在高压配电室、箱式变电站、配电变压器台架上进行工作，不论线路是否停电，应先拉开低压侧刀闸，后拉开高压侧隔离开关（刀闸）或跌落式熔断器，在停电的高、低压引线上验电、接地。以上操作可不使用操作票，在工作负责人监护下进行。

【解读】高压配电室、箱式变电站、配电变压器台架都是向用户供电的设备，均带有一定的负荷。操作时，切除低压侧各回路负荷，以减轻高压弧光短路的危害，即先操作负荷侧（低压侧），再操作电源侧（高压侧）。为防止突然来电和反送电，应在已停电的高、低压引线上验电、接地，这些项目的操作步骤简单，可不使用操作票，但操作项目应填入工作票中，并在工作监护人的监护下操作。

12.1.3　作业前检查双电源和有自备电源的用户已采取机械或电气联锁等防反送电的强制性技术措施。

　　在双电源和有自备电源的用户线路的高压系统接入点，应有明显断开点，以防止停电作业时用户设备反送电。

　　【解读】多电源用户电源接入处采取机械或电气联锁，是防止在用户侧将多路电源合环和向停电区域反送电的措施，所设置的联锁装置安装在用户的设备上并由用户维护。因此，停电作业时应前往用户侧检查其是否能够可靠联锁，以防止向停电区域送电。

　　为防止配电网中停电作业多电源用户向停电区域反送电，因此在有双电源和有自备电源的用户线路的高压系统接入点设置明显断开点。

12.1.4　环网柜、电缆分支箱等箱式设备宜设置验电、接地装置。

　　【解读】配电网中环网柜、电缆分支箱等箱式设备一般采取电缆进线，设备停电检修时该类设备无法进行验电和装设接地线。在该类设备的线路侧设置验电、接地装置，以保证设备检修时在接地线保护下开展工作。新投入的箱式设备中的验电、接地装置应做到同时设计、同时施工、同时投运。

　　未设置验电、接地装置的箱式设备由于无法验电和接地，因此不得作为停电检修的断开点。

12.1.5　进行配电设备停电作业前，应断开可能送电到待检修设备、配电变压器各侧的所有线路（包括用户线路）断路器（开关）、隔离开关（刀闸）和熔断器，并验电、接地后，才能进行工作。

　　【解读】配电网系统接线方式复杂、电源点多，为了防止突然来电和用户向线路反送电，应断开所有可能送电到待检修设备、配电变压器各侧的所有线路（包括用户线路）、断路器（开关）、隔离开关（刀闸）和熔断器。停电检修设备通过验电并可靠接地以保证现场检修作业的安全。

12.1.6 两台及以上配电变压器低压侧共用一个接地引下线时，其中任一台配电变压器停电检修，其他配电变压器也应停电。

【解读】配电变电器的三相负荷不平衡，配电变压器中性点漂移，低压侧的中性线（零线）即带电，由于配电变压器中性线与变压器的接地引下线直接相连，多台变压器共用同一个接地体时，为防止停电检修变压器中性线带电危及作业人员人身安全，应将共用接地体的变压器同时停电。

12.1.7 配电设备验电时，应戴绝缘手套。如无法直接验电，可以按 6.3.3 条的规定进行间接验电。

【解读】配电设备一般安装紧凑，绝缘工具长度相对较短，为加强人身安全防护，高压验电应戴绝缘手套。由于部分箱式配电设备不具备直接验电条件，停电操作后需要通过间接验电方式进行验电。

12.1.8 进行电容器停电工作时，应先断开电源，将电容器充分放电、接地后才能进行工作。

【解读】电容器与电源断开后，还存在大量残余电荷，此时直接接地将造成作业人员伤害，所以通过与大地相连的放电装置，将电容器中的剩余电荷多次泄放后才能接地。

12.1.9 配电设备接地电阻不合格时，应戴绝缘手套方可接触箱体。

【解读】当配电设备接地电阻不合格时，一旦发生故障配电设备箱体与地电位之间存在电位差，接触时容易产生触电伤害，因此戴绝缘手套方可接触箱体。

12.1.10 配电设备应有防误闭锁装置，防误闭锁装置不准随意退出运行。倒闸操作过程中禁止解锁。如需解锁，应履行批准手续。解锁工具（钥匙）使用后应及时封存。

【解读】配电设备安装防误闭锁装置可防止误操作。防误闭锁装置退出运行或解锁，应按照《国家电网公司防止电气误操作安全管理规定》（国家电网安监〔2006〕904号）的要求履行批准手续。

12.1.11 配电设备中使用的普通型电缆接头，禁止带电插拔。可带电插拔的肘型电缆接头，不宜带负荷操作。

【解读】普通电缆头不具备灭弧能力，因此禁止带电插拔。可带电插拔的肘型电缆头采取全绝缘、全密封，有一定的灭弧能力，无负载带电插拔时，肘型电缆头自身灭弧能力可以防止电弧造成的人身伤害。

12.1.12 杆塔上带电核相时，作业人员与带电部位保持表3的安全距离。核相工作应逐相进行。

【解读】杆塔上带电核相，是作业人员在地电位用绝缘工具接触带电设备。因此，操作中作业人员应与带电导线和核相棒中所有带电部位，均不得小于本规程表3的安全距离。由于10kV线路相间距离比较小，为防止因核相器之间安全距离不足引起相间短路，核相工作应逐相进行。

12.2 架空绝缘导线作业。

12.2.1 架空绝缘导线不应视为绝缘设备，作业人员不准直接接触或接近。架空绝缘线路与裸导线线路停电作业的安全要求相同。

【解读】架空绝缘导线与电缆相比，无屏蔽层，无外护套，平时不做试验；长期露天运行或过负荷等原因造成绝缘损坏，绝缘水平无法保障且存在表面感应电。所以，作业人员不准直接接触或接近。停电作业时应与裸导线停电作业的安全要求相同。

12.2.2 架空绝缘导线应在线路的适当位置设立验电接地环或其他验电接地装置，以满足运行、检修工作的需要。

【解读】为满足运行、检修人员验电、接地的需要，架空绝缘导线至少应在各分支线接入点、分段断路器（开关）两侧设置验电、接地装置，柱上断路器（开关）两侧的验电、接地装置可采取在相邻杆设置的方式，耐张杆处的验电接地环应在两侧相邻杆设置。

12.2.3 在停电检修作业中，开断或接入绝缘导线前，应做好防感应电的安全措施。

【解读】与其他电力线路平行、邻近和交叉跨越时，导线中容易产生感应电，绝缘导线的验电、接地装置安装有一定的间隔，依靠两侧的接地装置上装设的接地线还不能泄放全部的感应电。因此，绝缘导线在开断或接入部位应采取防止感应电措施。

12.3　装表接电。

12.3.1　带电装表接电工作时，应采取防止短路和电弧灼伤的安全措施。

【解读】装表接电工作属低压设备上的工作。低压网络连接有大量的用户存在反送电可能，且低压设备相间距离比较小，容易发生短路并产生电弧，为防止短路和作业人员被电弧灼伤，因此应采取戴护目镜、穿长袖全棉工作服、使用的工器具采取绝缘包裹等措施。

12.3.2　电能表与电流互感器、电压互感器配合安装时，宜停电进行。带电工作时应有防止电流互感器二次开路和电压互感器二次短路的安全措施。

【解读】带互感器电能表一般安装在互感器二次侧，为防止工作中电流互感器二次回路开路和电压互感器二次回路短路导致人身伤害，因此规定宜在停电条件下工作。如果必须在带电情况下工作，禁止将回路的安全接地点断开，并应使用绝缘工具，戴手套；在电流互感器二次工作时，禁止将电流互感器二次侧开路（光电流互感器除外）；短路电流互感器二次绕组，应使用短路片或短路线，禁止用导线缠绕；工作中禁止将回路的永久接地点断开。在电压互感器二次工作时，使用工具的金属部分应采用绝缘包裹措施，防止短路或接地。

12.3.3　所有配电箱、电表箱均应可靠接地且接地电阻应满足要求。作业人员在接触运用中的配电箱、电表箱前，应检查接地装置是否良好，并用验电笔确认其确无电压后，方可接触。

【解读】为防止作业人员接触配电箱或电表箱触电，应保证其接地可靠且接地电阻符合标准。

金属类配电箱、电表箱进出线或其中安装的设备由于过负荷等原因，可能造成绝缘损坏而带电，因此要求作业人员接触前验电，确认无电。

12.3.4 当发现配电箱、电表箱箱体带电时，应断开上一级电源将其停电，查明带电原因，并作相应处理。

【解读】配电箱和电表箱体带电时，应从电源侧断开，防止由于内部绝缘损坏造成配电箱或表箱带电，处理中造成人员触电。若从上级电源断开后仍然有电，应再查负荷侧，防止反送电。

12.3.5 带电接电时作业人员应戴手套。

【解读】戴干燥完好的手套直接接触带电设备，可避免触电和短路产生弧光对人身造成伤害。

12.4 低压带电工作。

12.4.1 不填用工作票的低压电气工作可单人进行。

【解读】不填用工作票的低压电气工作，一般是比较简单的工作，如停电的用户终端设备、低压非高处作业的停电更换电表等，可单人进行。

高处作业和低压带电工作不得单人进行。

12.4.2 使用有绝缘柄的工具，其外裸的导电部位应采取绝缘措施，防止操作时相间或相对地短路。低压电气带电工作应戴手套、护目镜，并保持对地绝缘。禁止使用锉刀、金属尺和带有金属物的毛刷、毛掸等工具。

【解读】在不停电的低压设备上工作时，作业人员使用有绝缘柄的工具，且其外裸的导电部分采取绑扎、缠绕绝缘材料等措施，可以防止操作时发生的相间或相对地短路。

作业人员穿全棉长袖工作服、戴手套和护目镜，可以避免被弧光灼伤。

作业人员保持对地绝缘，可以防止操作过程中，人体意外碰触带电体，发生电流通过人体接地而触电。

使用金属类的工具，容易发生相间、相对地短路，故应禁止使用。

12.4.3 高、低压同杆架设，在低压带电线路上工作时，应先检查与高压线的距离，采取防止误碰带电高压设备的措施。在下层低压带电导线未采取绝缘措施或未停电时，作业人员不准穿越。在带电的低压配电装置上工作时，应采取防止相间短路和单相接地的绝缘隔离措施。

【解读】 在高、低压同杆架设的低压带电线路上进行作业时，应检查低压作业处与高压线的安全距离；还应检查作业杆塔档内由于高、低压导线弧度不平衡，从而因安全距离不足而造成高、低压线路之间放电、短路。并应考虑作业过程中是否会发生高、低压碰线短路。如无法满足低压线路带电作业时，应根据现场实际情况采取高压线停电、对高压线进行绝缘隔离等措施，以免误碰高压线而发生人员触电及高低压短路。

作业人员如需穿越带电低压线进行工作时，作业前，应对低压带电导线采取绝缘隔离措施或将低压线路停电后，方可进行。

在带电的低压配电装置上工作时，为防止作业过程中发生相间短路和单相接地，对作业相的邻相以及人员作业过程中可能碰触的所有接地部位，均应采取绝缘隔板、绝缘护套等措施进行隔离。

12.4.4 上杆前，应先分清相、零线，选好工作位置。断开导线时，应先断开相线，后断开零线。搭接导线时，顺序应相反。

人体不准同时接触两根线头。

【解读】 作业人员上杆前，应根据线路标识、排列方向、设备接线、验电器测试结果等方法分清相、零线，并根据作业任务和方法，选好杆上的作业位置和角度。

因三相四线制线路的相线、用电设备、与零线构成回路都带电，如果先断开零线，后断开相线，将造成二次带电断线，增加了触电危险。为确保作业人员的安全，断开导线时，应先断开相线，后断开零线。搭接导线时，顺序相反。

人体不准同时接触两根线头，以免被串入电路中而发生触电。

13 带 电 作 业

13.1 一般规定。

13.1.1 本规程适用于在海拔 1000m 及以下交流 10kV～1000kV、直流±500kV～±800kV（750kV 为海拔 2000m 及以下值）的高压架空电力线路、变电站（发电厂）电气设备上，采用等电位、中间电位和地电位方式进行的带电作业。

在海拔 1000m 以上（750kV 为海拔 2000m 以上）带电作业时，应根据作业区不同海拔高度，修正各类空气与固体绝缘的安全距离和长度、绝缘子片数等，并编制带电作业现场安全规程，经本单位批准后执行。

【解读】以下定义根据 GB/T 2900.55—2002《电工术语 带电作业》和 DL/T 966—2005《送电线路带电作业技术导则》。

带电作业是指作业人员接触带电部分的作业或作业人员用操作工具、设备或装备在带电作业区域的作业。

等电位作业是指作业人员对大地绝缘后，人体与带电体处于同一电位时进行的作业。

中间电位作业是指作业人员对接地构件绝缘，并与带电体保持一定的距离对带电体开展的作业，作业人员的人体电位为悬浮的中间电位。中间电位作业法还包括配电带电作业的绝缘隔离法。

地电位作业是指作业人员在接地构件上采用绝缘工具对带电体开展的作业，作业人员的人体电位为地电位。

低压带电作业不属于带电作业范畴。

在海拔 1000m 以上（750kV 为海拔 2000m 以上）带电作业时，随着海拔高度的增加，气温、气压都将按一定趋势下降，空气绝缘亦随之下降。因此，人体与带电体的安全距离、绝缘工器具的有效长度、绝缘子的片数或有效长度等，应针对不同的海拔高度，根据 GB/T 19185—2008《交流线路带电作业安全距离计算方法》进行修正。

以下是有关安全距离、有效绝缘长度、良好绝缘子最少片数、最小组合间隙、绝缘工具的试验项目及标准等的说明。

（1）本章中有关安全距离、有效绝缘长度、良好绝缘子最少片数、最小组合间隙、绝缘工具的试验项目及标准等，交流10～500kV 内的有关数据依据是 DL 409—1991《电业安全工作规程（电力线路部分）》。

（2）交流 500kV 紧凑型、750kV、1000kV 及高压直流部分的有关数据依据如下。

1）交流 500kV 紧凑型：Q/GDW 186—2008《500kV 紧凑型交流输电线路带电作业技术导则》。

2）交流 750kV：DL/T 1060—2007《750kV 交流输电线路带电作业技术导则》。

3）交流 1000kV：DL/T 392—2015《1000kV 交流输电线路带电作业技术导则》。

4）直流 500kV：DL/T 881—2004《±500kV 直流输电线路带电作业技术导则》。

5）直流 800kV：Q/GDW 302—2009《±800kV 直流输电线路带电作业技术导则》。

6）直流 400kV：《关于印发〈±400kV 青藏直流输电工程生产运行安全距离规定（试行）〉的通知》（生输电〔2012〕16 号）。

7）直流±660kV：《±660kV 直流输电线路带电作业技术导则（征求意见稿）》及《±660kV 同塔双回直流线路带电作业及试验研究》（合同编号：SGKJJSKF〔2008〕657 号）项目的验收

意见。

注: 1. 110kV 及以上采用直接接地系统数据。

2. 因公司系统 750kV 电压等级主要在西北地区使用, 当地海拔较高, 所以按海拔 2000m 校正, 其他按海拔 1000m 校正 (以下同)。

3. 本条解读中的依据 (规程、导则、计算方法) 提供了绝大多数数据来源, 少数数据来源由有关设计院、电力科学研究院提供。带电作业是一项对专业技术要求较高的工作, 作业人员除了熟悉本规程规定的数据外, 还应学习相关带电作业技术导则、专业规程, 相关带电作业技术导则、专业规程描述的带电作业技术、安全措施和作业条件更清楚、全面, 本规程提供的数据是其中最基本、最常用的部分。

13.1.2 带电作业应在良好天气下进行。如遇雷电 (听见雷声、看见闪电)、雪、雹、雨、雾等, 禁止进行带电作业。风力大于 5 级, 或湿度大于 80% 时, 不宜进行带电作业。

在特殊情况下, 必须在恶劣天气进行带电抢修时, 应组织有关人员充分讨论并编制必要的安全措施, 经本单位批准后方可进行。

【解读】因雷电引起的过电压会使设备和带电作业工具受到破坏, 威胁人身安全; 雪、雹、雨、雾等天气易引起绝缘工具表面受潮, 影响绝缘性能。GB/T 3608—2008《高处作业分级》4.2 a) 规定:"在阵风 5 级时应停止露天高处作业", 大风使高处作业人员的平衡性大大降低, 容易造成高处坠落。当湿度大于 80% 时, 绝缘绳索的绝缘强度下降较为明显, 放电电压降低, 泄漏电流增大, 易引起发热甚至冒烟着火。故带电作业应在良好天气下进行。

在特殊情况下, 如必须在恶劣天气进行带电抢修时, 应使用相应的防潮绝缘工具。同时应组织有关人员充分讨论并编制必要的安全措施, 经本单位批准后方可进行。

13.1.3　对于比较复杂、难度较大的带电作业新项目和研制的新工具，应进行科学试验，确认安全可靠，编出操作工艺方案和安全措施，并经本单位批准后，方可进行和使用。

【解读】比较复杂、难度较大的带电作业新项目，是指首次开展、作业方法和操作流程较为复杂、需控制的各类安全距离较多或需较为复杂的计算校验的带电作业项目。主要为：工序复杂的项目；作业量大的项目，如杆塔移位、更换杆塔、更换导线或架空地线等；从未开展过的新项目；自行研制的新工具。在投入使用、实施前，经有关专家进行技术论证和鉴定，通过在模拟设备上实际操作，确认切实可行，并制定出相应的操作程序和安全技术措施。新研制的工具需经有相应资质的权威试验机构进行电气和机械性能等方面的试验在确认安全可靠，经本单位批准后，方可实施。

13.1.4　参加带电作业的人员，应经专门培训，并经考试合格取得资格、单位批准后，方能参加相应的作业。带电作业工作票签发人和工作负责人、专责监护人应由具有带电作业资格、带电作业实践经验的人员担任。

【解读】因带电作业技术要求高、危险性较高、工艺复杂等，参加带电作业的人员应了解和掌握工具的构造、性能、规格、用途、使用范围和操作方法等基本知识，并按照培训项目在停电设备或模拟设备上进行操作训练。同时应进行相关安全规程、现场操作规程和专业技术理论的学习，经理论和操作技能考试合格，取得相应资格证书，由本单位批准下文后，方能参加相应的作业。带电作业工作票签发人和工作负责人、专责监护人同样应取得相应的带电作业资格，并应具有一定的带电作业实践经验，每年参加由本单位组织的相关规程和专业技术理论考试并合格后，由本单位下文公布。

13.1.5 带电作业应设专责监护人。监护人不准直接操作。监护的范围不准超过一个作业点。复杂或高杆塔作业必要时应增设（塔上）监护人。

【解读】因带电作业过程中需严格控制各类安全距离，作业人员要集中精力去完成某项任务，而其作业的上、下、左、右都可能存在着带电设备、设施，考虑到工作负责人和操作人员可能兼顾不到全面，为避免发生意外，应设专责监护人。为了使监护人能专心监护，监护人不准直接操作，且监护的范围也不准超过一个作业点。

在复杂杆塔作业时，因需控制的环节较多，且在地面很难准确判断杆塔上的安全距离，特别是比较紧凑的杆塔或需顾及较多项安全距离的作业，需增设监护人。在高杆塔作业时，若地面人员不易看清作业人员的行为、对作业人员与带电体的安全距离不能进行有效控制时，需增设塔上监护人。

13.1.6 带电作业工作票签发人或工作负责人认为有必要时，应组织有经验的人员到现场勘察，根据勘察结果作出能否进行带电作业的判断，并确定作业方法和所需工具以及应采取的措施。

【解读】工作票签发人或工作负责人任何一方认为有必要时，应组织有经验的安全、技术人员进行现场勘察。勘察的内容包括：作业环境、作业场地等是否能满足带电作业的需要；周围邻近或交叉跨越的带电线路、其他弱电线路以及建筑物等，杆塔型号、导地线型号、绝缘子片数、金具连接等实际情况是否与图纸相符等。根据勘察结果作出能否进行带电作业的判断，编制相应的作业方案，并确定作业方法和所需的工具以及应采取的措施。

13.1.7 带电作业有下列情况之一者，应停用重合闸或直流线路再启动功能，并不准强送电，禁止约时停用或恢复重合闸及直流线路再启动功能：

【解读】由于带电作业实际作业时间与计划时间会有出入，约时停用或恢复，即提前或延时停用或恢复，可能发生因重合闸或直流线路再启动功能不适当的停、启用，造成人身伤害或使电网受影响。所以，应禁止约时停用或恢复重合闸或直流线路再启动功能。

a） 中性点有效接地的系统中有可能引起单相接地的作业。

【解读】中性点有效接地的系统，发生单相接地时，自动重合闸装置会迅速动作。若重合闸不退出，在带电作业中发生单相接地故障，可能会造成作业人员和设备的二次过电压伤害。

b） 中性点非有效接地的系统中有可能引起相间短路的作业。

【解读】中性点非有效接地的系统，发生相间短路时，自动重合闸装置会动作。若重合闸不退出，在带电作业中发生相间短路故障，会造成作业人员和设备的二次过电压伤害。

c） 直流线路中有可能引起单极接地或极间短路的作业。

【解读】在直流线路中，发生单极接地或极间短路时，会启动直流线路再启动功能。若直流线路再启动功能不退出，在带电作业中发生单极接地或极间短路故障，会造成作业人员和设备的二次过电压伤害。

d） 工作票签发人或工作负责人认为需要停用重合闸或直流线路再启动功能的作业。

【解读】为确保作业人员在带电作业中的人身安全，停用重合闸或直流线路再启动功能应综合考虑现场实际情况、作业方法、工器具的性能等因素。当工作票签发人或工作负责人有一方认为有必要时，应申请停用重合闸或直流线路再启动功能。

13.1.8 带电作业工作负责人在带电作业工作开始前，应与值班调控人员联系。需要停用重合闸或直流线路再启动功能的作业和带电断、接引线应由值班调控人员履行许可手续。带电作业结束后应及时向值班调控人员汇报。

【解读】带电作业开始前，为能够让值班调控人员掌握线路上有人工作的情况，工作负责人应与值班调控人员联系，以保证发生意外情况时，值班调控人员可迅速采取相应的对策应对，确保作业人员及电网的安全。需要停用重合闸或直流线路再启动功能进行带电作业或带电断、接引线作业时，为避免意外危及作业人员及电网的安全，工作负责人只有得到值班调控人员许可后，方可下令开始工作。带电作业结束后，工作负责人应及时向值班调控人员汇报，以便值班调控人员及时恢复重合闸或直流线路再启动功能。进行不需停用重合闸或直流线路再启动功能的作业前，也应告知值班调控人员线路上有人工作。当发生异常情况时，值班调控人员可以从保护人身安全角度出发，采取应急处置工作。

13.1.9 在带电作业过程中如设备突然停电，作业人员应视设备仍然带电。工作负责人应尽快与调控人员联系，值班调控人员未与工作负责人取得联系前不准强送电。

【解读】在带电作业过程中如设备突然停电，因设备随时有来电的可能，故作业人员应视设备仍然带电。作业人员仍应按照带电作业方法和流程进行作业，并将该情况及时报告工作负责人。工作负责人应尽快与值班调控人员联系，值班调控人员未与工作负责人取得联系前不准强送电。

13.2 一般安全技术措施。

13.2.1 进行地电位带电作业时，人身与带电体间的安全距离不准小于表 5 的规定。35kV 及以下的带电设备不能满足表 5 规定的最小安全距离时，应采取可靠的绝缘隔离措施。

表 5 带电作业时人身与带电体的安全距离

电压等级 kV	10	35	66	110	220	330	500	750	1000	±400	±500	±660	±800
距离 m	0.4	0.6	0.7	1.0	1.8 (1.6) a	2.6	3.4 (3.2) b	5.2 (5.6) c	6.8 (6.0) d	3.8e	3.4	4.5f	6.8

注：表中数据是根据线路带电作业安全要求提出的。

a 220kV 带电作业安全距离因受设备限制达不到 1.8m 时，经单位批准，并采取必要的措施后，可采用括号内 1.6m 的数值。

b 海拔 500m 以下，500kV 取值为 3.2m，但不适用于 500kV 紧凑型线路。海拔在 500m～1000m 时，500kV 取值为 3.4m。

c 直线塔边相或中相值。5.2m 为海拔 1000m 以下值，5.6m 为海拔 2000m 以下的距离。

d 此为单回输电线路数据，括号中数据 6.0m 为边相值，6.8m 为中相值。表中数值不包括人体占位间隙，作业中需考虑人体占位间隙不得小于 0.5m。

e ±400kV 数据是按海拔 3000m 校正的，海拔为 3500m、4000m、4500m、5000m、5300m 时最小安全距离依次为 3.90m、4.10m、4.30m、4.40m、4.50m。

f ±660kV 数据是按海拔 500m～1000m 校正的，海拔 1000m～1500m、1500m～2000m 时最小安全距离依次为 4.7m、5.0m。

【解读】进行地电位带电作业时，人处于地电位状态，为防止出现放电现象，人身的各部位与带电体间的安全距离不准小于本规程表 5 的规定。35kV 及以下的带电设备，因线对地及线间距离小，在不能满足本规程表 5 规定的最小安全距离时，应采取绝缘挡板等可靠的绝缘隔离措施。绝缘挡板的绝缘强度应满足相应电压等级要求。作业人员在安装绝缘隔离措施时，应借助其他绝缘工具进行可靠安装。20kV 带电设备的最小安全距离为 0.5m。

13.2.2 绝缘操作杆、绝缘承力工具和绝缘绳索的有效绝缘长度不准小于表 6 的规定。

表 6 绝缘工具最小有效绝缘长度

电压等级 kV	有效绝缘长度 m	
	绝缘操作杆	绝缘承力工具、绝缘绳索
10	0.7	0.4
35	0.9	0.6

表 6（续）

电压等级 kV	有效绝缘长度 m	
	绝缘操作杆	绝缘承力工具、绝缘绳索
66	1.0	0.7
110	1.3	1.0
220	2.1	1.8
330	3.1	2.8
500	4.0	3.7
750	5.3	5.3
绝缘工具最小有效绝缘长度 m		
1000	6.8	
±400	3.75[a]	
±500	3.7	
±660	5.3	
±800	6.8	
[a]　±400kV 数据是按海拔 3000m 校正的，海拔为 3500m、4000m、4500m、5000m、 　　5300m 时最小安全距离依次为 3.90m、4.10m、4.25m、4.40m、4.50m。		

13.2.3　带电作业不准使用非绝缘绳索（如棉纱绳、白棕绳、钢丝绳）。

【解读】非绝缘绳索在带电作业中使用时易引起作业人员触电伤害，故不准使用。带电作业中常用的绝缘绳索主要是蚕丝绳、锦纶长丝绝缘绳以及其他一些材料制作成的高强度绝缘绳等。

13.2.4　带电更换绝缘子或在绝缘子串上作业，应保证作业中良好绝缘子片数不少于表 7 的规定。

【解读】带电更换绝缘子或在绝缘子串上作业时，绝缘子串闪络电压应满足系统最大操作过电压的要求；在整串绝缘子良好的情况下，其放电电压有一定的裕度；若失效的绝缘子片数过多，在操作过电压下可能产生放电。因此，绝缘子串良好的片数不得少于本条规定的数量。

表7 良好绝缘子最少片数

电压等级 kV	35	66	110	220	330	500	750	1000	±500	±660	±800
片数 片	2	3	5	9	16	23	25[a]	37[b]	22[c]	25[d]	32[e]

a 海拔 2000m 以下时，750kV 良好绝缘子最少片数，应根据单片绝缘子高度按照良好绝缘子总长度不小于 4.9m 确定，由此确定 xwp300 绝缘子（单片高度为195mm），良好绝缘子最少片数为 25 片。

b 海拔 1000m 以下时，1000kV 良好绝缘子最少片数，应根据单片绝缘子高度按照良好绝缘子总长度不小于 7.2m 确定，由此确定（单片高度为195mm）良好绝缘子最少片数为 37 片。表中数值不包括人体占位间隙，作业中需考虑人体占位间隙不得小于 0.5m。

c 单片高度 170mm。

d 海拔 500m～1000m 以下时，±660kV 良好绝缘子最少片数，应根据单片绝缘子高度按照良好绝缘子总长度不小于 4.7m 确定，由此确定（单片绝缘子高度为195mm），良好绝缘子最少片数为 25 片。

e 海拔 1000m 以下时，±800kV 良好绝缘子最少片数，应根据单片绝缘子高度按照良好绝缘子总长度不小于 6.2m 确定，由此确定（单片绝缘子高度为195mm），良好绝缘子最少片数为 32 片。

　　作业人员在开始作业前，应先对绝缘子串进行逐片检测，确认良好绝缘子片数满足上述要求后，方可开始工作。作业人员在沿耐张绝缘子串进入等电位或在绝缘串上作业时，短接后剩余的良好绝缘子片数仍应满足本条规定的最少片数要求。

13.2.5 在绝缘子串未脱离导线前，拆、装靠近横担的第一片绝缘子时，应采用专用短接线或穿屏蔽服方可直接进行操作。

【解读】当绝缘子串尚未脱离导线前，绝缘子上都有一定的分布电压，并会通过一定的泄漏电流。若作业人员未采取任何措施拆、装靠近横担的第一片绝缘子时，绝缘子串上的泄漏电流将从人体流过，造成作业人员触电。因此，在绝缘子串未脱离导线前，拆、装靠近横担的第一片绝缘子时，应采用专用短接线或穿屏蔽服方可直接进行操作。

采用专用短接线作业时，应先接接地端，再短接横担侧第二片绝缘子的钢帽，拆除时的顺序相反，短接线的长度应适宜。

作业人员穿着全套屏蔽服直接进行操作时，可不采用专用短接线，但应确保屏蔽服的各个部件连接可靠。

13.2.6 在市区或人口稠密的地区进行带电作业时，工作现场应设置围栏，派专人监护，禁止非工作人员入内。

【解读】在市区或人口稠密的地区进行带电作业时，工作现场应设置围栏，派专人进行监护，以免非工作人员进入作业区域而影响正常工作，以及发生高空落物等意外而危及人身安全。

13.2.7 非特殊需要，不应在跨越处下方或邻近有电力线路或其他弱电线路的档内进行带电架、拆线的工作。如需进行，则应制定可靠的安全技术措施，经本单位批准后方可进行。

【解读】若在跨越处下方或邻近有电力线路或其他弱电线路的档内进行带电架、拆线的工作，可能发生牵引过程中弛度控制不好而造成安全距离不足甚至碰线、意外跑线等情况，危及其他电力线路或弱电线路及作业线路的安全运行。因此，在上述档内一般不应进行带电架、拆线的工作。在特殊情况下如需进行该类工作时，则应组织安全、技术等人员进行全面的现场勘察，制定可靠的安全技术措施，并经本单位批准后，方可进行。

13.3 等电位作业。

13.3.1 等电位作业一般在 66kV、±125kV 及以上电压等级的电力线路和电气设备上进行。若需在 35kV 电压等级进行等电位作业时，应采取可靠的绝缘隔离措施。20kV 及以下电压等级的电力线路和电气设备上不准进行等电位作业。

【解读】因为 66、±125kV 及以上电压等级的电力线路和电气设备的相间和对地电气间隙相对较大，故等电位作业一般在 66、±125kV 及以上电压等级的电力线路和电气设备上进行。

因 35kV 电压等级的线路及设备相间和对地的电气间隙较小，若需在 35kV 电压等级进行等电位作业时，应采取可靠的绝缘隔离措施。如使用合格的绝缘隔离装置对作业点附近的邻相导线及接地部分进行可靠的绝缘隔离、采用绝缘支撑杆将邻相导线拉（撑）开进行边相作业等。

20kV 及以下电压等级的电力线路和电气设备各类电气间隙过小，作业人员很难保证相关安全距离，故不准进行等电位作业。

13.3.2 等电位作业人员应在衣服外面穿合格的全套屏蔽服（包括帽、衣裤、手套、袜和鞋，750kV、1000kV 等电位作业人员还应戴面罩），且各部分应连接良好。屏蔽服内还应穿着阻燃内衣。

禁止通过屏蔽服断、接接地电流、空载线路和耦合电容器的电容电流。

【解读】屏蔽服的主要作用为电场屏蔽保护、分流电容电流、均压。等电位作业人员应穿合格的全套屏蔽服（包括帽、衣裤、手套、袜和鞋，750、1000kV 等电位作业人员还应戴面罩），不得穿在其他衣服内，否则在电场中将可能引起外层衣服燃烧而危及人员安全。全套屏蔽服应符合 GB/T 6568—2008《带电作业用屏蔽服装》规定的要求。等电位作业人员穿好屏蔽服后，工作负责人应对其连接情况进行检查和测试，确保各部分连接可靠、良好。

屏蔽服内还应穿着阻燃内衣。阻燃内衣衣料具有一定的耐电火花能力，在充电电容产生高频火花放电时而不烧损，仅炭化而无明火蔓延，衣料与明火接触时，应能够阻止明火的蔓延。若等电位人员在电位转移过程中产生电弧，也不会因衣服原因发生着火而伤及作业人员。

屏蔽服的整体通流容量有限，禁止作业人员通过屏蔽服断、接接地电流及空载线路、耦合电容器的电容电流。

13.3.3 等电位作业人员对接地体的距离应不小于表 5 的规定，对相邻导线的距离应不小于表 8 的规定。

表8 等电位作业人员对邻相导线的最小距离

电压等级 kV	35	66	110	220	330	500	750
距离 m	0.8	0.9	1.4	2.5	3.5	5.0	6.9 (7.2) [a]

> [a] 6.9m 为边相值，7.2m 为中相值。表中数值不包括人体活动范围，作业中需考虑人体活动范围不得小于 0.5m。

【解读】因等电位作业人员对接地体的距离与地电位作业时人身与带电体的安全距离是一致的，为确保等电位作业人员在最大过电压状态下对地不发生击穿，等电位作业人员对接地体的距离应不小于本规程表5的规定。由于线电压高于相电压，故等电位作业人员对邻相导线的安全距离（本规程表8）要大于对地的安全距离（本规程表5）。

13.3.4 等电位作业人员在绝缘梯上作业或者沿绝缘梯进入强电场时，其与接地体和带电体两部分间隙所组成的组合间隙不准小于表9的规定。

表9 等电位作业中的最小组合间隙

电压等级 kV	66	110	220	330	500	750	1000	±400	±500	±660	±800
距离 m	0.8	1.2	2.1	3.1	3.9	4.9[a]	6.9 (6.7) [b]	3.9[c]	3.8	4.3[d]	6.6

> [a] 4.9m 为直线塔中相值。表中数值不包括人体占位间隙，作业中需考虑人体占位间隙不得小于 0.5m。
>
> [b] 6.9m 为中相值，6.7m 为边相值。表中数值不包括人体占位间隙，作业中需考虑人体占位间隙不得小于 0.5m。
>
> [c] ±400kV 数据是按海拔 3000m 校正的，海拔为 3500m、4000m、4500m、5000m、5300m 时最小组合间隙依次为 4.15m、4.35m、4.55m、4.80m、4.90m。
>
> [d] 海拔 500m 以下，±660kV 取 4.3m 值；海拔 500m~1000m、1000m~1500m、1500m~2000m 时最小组合间隙依次为 4.6m、4.8m、5.1m。

【解读】组合间隙是指由两个及以上绝缘（空气）间隙串联组

合的总间隙（见 GB/T 14286—2008《带电作业工具设备术语》）。其作用是计算人体与带电体、接地体之间的绝缘（空气）距离，以确保其各项要求满足相应规定，避免发生对人体及地的闪络。

组合间隙=人体任何部位及绝缘件与接地体的最小距离+人体任何部位及绝缘件与带电体的最近距离。

计算作业现场组合间隙时，应减除作业人员动态活动的距离。

13.3.5 等电位作业人员沿绝缘子串进入强电场的作业，一般在 220kV 及以上电压等级的绝缘子串上进行。其组合间隙不准小于表 9 的规定。若不满足表 9 的规定，应加装保护间隙。扣除人体短接的和零值的绝缘子片数后，良好绝缘子片数不准小于表 7 的规定。

【解读】等电位作业人员沿绝缘子串进入强电场的作业，一般在水平设置的耐张绝缘子串上进行。因 220kV 及以上电压等级设备的绝缘子片数较多，其串长能够满足最小组合间隙的要求。故等电位作业人员沿绝缘子串进入强电场的作业，一般在 220kV 及以上电压等级的绝缘子串上进行。若 110kV 设备的绝缘子串串长能够满足上述要求，也可进行上述作业。

进行上述作业时，其组合间隙不准小于本规程表 9 的规定。为了确保其组合间隙满足规定值，良好绝缘子片数不准小于本规程表 7 的规定（为确保有效绝缘长度），作业前应对绝缘子进行检测，以确保足够的良好绝缘子片数。在计算组合间隙时，应扣除人体短接的长度和零值的绝缘子片数的长度，并应考虑扣除作业人员动态活动的距离。

若不满足本规程表 9 的规定，应加装保护间隙，具体要求见本规程 13.8 条。

13.3.6 等电位作业人员在电位转移前，应得到工作负责人的许可。转移电位时，人体裸露部分与带电体的距离不应小于表 10 的规定。750kV、1000kV 等电位作业应使用电位转移棒进行电位转移。

表 10 等电位作业转移电位时人体裸露部分
与带电体的最小距离

电压等级 kV	35、66	110、220	330、500	±400、±500	750、1000
距离 m	0.2	0.3	0.4	0.4	0.5
注：750kV、1000kV 等电位作业同时执行 13.3.2。					

【解读】电位转移是指带电作业时，作业人员由某一电位转移到另一电位(见 GB/T 14286—2008《带电作业工具设备术语》)。

等电位作业人员在进入和脱离电位前，均应得到工作负责人的许可。其目的在于提醒工作负责人加强监护，检查等电位人员的各项安全距离是否符合规定。在确认无异常情况后，工作负责人方可下令等电位人员进行电位转移。

等电位人员在电位转移时，人体裸露部分与带电体的距离不应小于本规程表 10 的规定，以防止人体裸露部分与带电体放电而造成意外。

750kV、1000kV 由于场强非常大，在电位转移时充放电电流较大，故等电位作业应使用电位转移棒进行电位转移。电位转移棒是等电位作业人员进出等电位时使用的金属工具，用来减小放电电弧对人体的影响及避免脉冲电流对屏蔽服可能造成的损伤。等电位作业人员进行电位转移时，电位转移棒应与屏蔽服电气连接。进行电位转移时，动作应平稳、准确、快速。

13.3.7 等电位作业人员与地电位作业人员传递工具和材料时，应使用绝缘工具或绝缘绳索进行，其有效长度不准小于表 6 的规定。

13.3.8 沿导、地线上悬挂的软、硬梯或飞车进入强电场的作业应遵守下列规定：

13.3.8.1 在连续档距的导、地线上挂梯（或飞车）时，其导、地线的截面不准小于：钢芯铝绞线和铝合金绞线 120mm^2；钢绞线

50mm^2（等同 OPGW 光缆和配套的 LGJ—70/40 导线）。

【解读】 在连续档距的 OPGW 光缆上挂梯（或飞车）时，OPGW 光缆的强度应为与 LGJ—70/40 及以上导线配套设计的光缆。但部分由已投入运行线路的地线改造成的光缆，由于设计时考虑原塔头的受力等因素，其强度可能达不到计算截面为 50mm^2 及以上的钢绞线，在光缆上进行挂梯（或飞车）作业时，应对光缆强度进行验算，符合要求后方可进行。

13.3.8.2 有下列情况之一者，应经验算合格，并经本单位批准后才能进行：

a) 在孤立档的导、地线上的作业。

b) 在有断股的导、地线和锈蚀的地线上的作业。

c) 在 13.3.8.1 条以外的其他型号导、地线上的作业。

d) 两人以上在同档同一根导、地线上的作业。

【解读】有下列情况之一者，应经验算合格，并经本单位批准后才能进行：

a) 在孤立档的导、地线上的作业。

具体验算方法（验算公式摘自《输电线路基础》）❶

$$\sigma_2 - \frac{E l_0^2 g^2}{24 \sigma_2^2} - \frac{l_x Q(Q + l_x gA)E}{8 A^2 \sigma_2^2 \sum l_i} = \sigma_1 - \frac{E l_0^2 g^2}{24 \sigma_1^2} - aE(t_2 - t_1)$$

(13–1)

式中　　σ_1、σ_2——分别为集中荷载作用前和作用后的导线应力，MPa；

　　　　t_1、t_2——分别为集中荷载作用前和作用后的气温，一般取 $t_1 = t_2$，℃；

　　　　Q——集中荷载，取工器具及人员总重的 1.3 倍，1.3 为冲击系数，N；

---

❶ 胡国荣. 输电线路基础. 北京：中国电力出版社，1993.

l_0 ——耐张段的代表档距，孤立档时即为孤立档档距，m；

l_x ——集中荷载作用档的档距，孤立档时即为孤立档档距，m；

$\sum l_i$ ——耐张段长度，孤立档时即为孤立档档距，m；

g ——导线的比载，N/m·mm²；

A ——导线截面积，mm²；

E ——导线的弹性系数，MPa；

a ——导线的热膨胀系数，1/℃。

第一步：根据式（13-1）计算出 σ_2。

第二步：计算导（地）线最大允许应力 $[\sigma_m]$

$$\frac{\sigma_p}{K} = [\sigma_m] \qquad (13-2)$$

式中 $[\sigma_m]$ ——导线最低点的最大允许应力，MPa；

σ_p ——导线瞬时破坏应力，MPa；

K ——导线强度安全系数。

若 $\sigma_2 > [\sigma_m]$ 时，挂梯不安全；

若 $\sigma_2 < [\sigma_m]$ 时，挂梯安全。

当需验算集中荷载作用点对地或交叉跨越物的垂直距离时，集中荷载作用点的弧垂可按式（13-3）计算

$$f_x = \frac{g}{2\sigma_2} l_a l_b + \frac{Q}{l_x \sigma_2 A} l_a l_b \qquad (13-3)$$

式中 f_x ——集中荷载作用点的导线弧垂，m；

l_a、l_b ——分别为集中荷载作用点距两侧导线悬点的水平距离，m；

Q ——集中荷载，取工器具及人员总重的 1.3 倍，1.3 为冲击系数，N；

σ_2 ——集中荷载作用后的导线应力，MPa；

l_x ——集中荷载作用档的档距，孤立档时即为孤立档档距，m；

g ——导线的比载，N/m·mm^2；

A ——导线截面积，mm^2。

b） 在有断股的导、地线和锈蚀的地线上的作业。

作业前，一定要全面掌握导、地线的断股情况和锈蚀情况，再进行严格的验算且合格，并应留有一定的裕度。因导、地线的断股情况和锈蚀情况很难确定，一般情况下作业人员不要直接在断股或锈蚀的导、地线上挂梯、飞车作业。

c） 在本规程 13.3.8.1 规定以外的其他型号导、地线上的作业。

按照式（13–1）～式（13–3）验算。如耐张段中各档均需上人作业时，可取档距最大的一档验算，此档安全，其他各档也安全。若需在某一档上人作业，则可取档距中点验算，如验算符合要求，则档中其他各点也符合要求。

本条 a）和 c）提供的计算公式是按照导、地线完好无损来考虑。如遇挂梯作业档导、地线有损伤时，应慎重考虑，选择其他方法进行作业。

13.3.8.3 在导、地线上悬挂梯子、飞车进行等电位作业前，应检查本档两端杆塔处导、地线的紧固情况。挂梯载荷后，应保持地线及人体对下方带电导线的安全间距比表 5 中的数值增大 0.5m；带电导线及人体对被跨越的电力线路、通信线路和其他建筑物的安全距离应比表 5 中的数值增大 1m。

【解读】在导、地线上悬挂梯子、飞车进行等电位作业前，应检查挂梯档两端杆塔处导、地线的横担、金具紧固和绝缘子串的连接情况，防止导、地线脱落，确认无异常后方可进行挂梯作业。挂梯载荷后，地线及人体与下方带电导线的安全间距应大于本规程表 5 中的规定值再加 0.5m；带电导线及人体对被跨越的电力线路、通信线路和其他建筑物的安全距离应大于本规程表5中的规定值再加1m。挂梯载荷后导、地线弧垂计算按式（13-3）验算。

13.3.8.4 在瓷横担线路上禁止挂梯作业,在转动横担的线路上挂梯前应将横担固定。

【解读】由于瓷横担在设计时未考虑挂梯作业的强度,如在瓷横担线路上挂梯作业可能会引起横担断裂等意外事故。因此,在瓷横担线路上禁止挂梯作业。

在转动横担的线路上挂梯前,应先将横担固定好,以免挂梯作业时横担转动造成安全距离不够,而引发意外事故。

13.3.9 等电位作业人员在作业中禁止用酒精、汽油等易燃品擦拭带电体及绝缘部分,防止起火。

【解读】等电位作业中,人员在操作或电位转移时会产生电弧,容易引燃酒精、汽油等易燃品。因此,等电位作业人员在作业中禁止用酒精、汽油等易燃品擦拭带电体及绝缘部分。

13.4 带电断、接引线。

13.4.1 带电断、接空载线路,应遵守下列规定:

a) 带电断、接空载线路时,应确认线路的另一端断路器（开关）和隔离开关（刀闸）确已断开,接入线路侧的变压器、电压互感器确已退出运行后,方可进行。

禁止带负荷断、接引线。

【解读】如线路的另一端断路器（开关）和隔离开关（刀闸）未断开就开始断、接空载线路,会造成断、接负荷电流而产生电弧,引发事故。接入线路侧的变压器、电压互感器未退出运行就开始断、接空载线路,相当于切、接小电感电流而产生过电压电弧,引发事故或损坏设备。因此,应确认线路的另一端断路器（开关）和隔离开关（刀闸）确已断开,接入线路侧的变压器、电压互感器确已退出运行后,方可进行带电断、接空载线路。

在线路带负荷电流情况下断、接引线,相当于带负荷拉合隔离开关，无法切断负荷较大的电流。因此，禁止带负荷断、接引线。

b) 带电断、接空载线路时，作业人员应戴护目镜，并应采取消弧措施。消弧工具的断流能力应与被断、接的空载线路电压等级及电容电流相适应。如使用消弧绳，则其断、接空载线路的长度不应大于表 11 规定，且作业人员与断开点应保持 4m 以上的距离。

表 11　使用消弧绳断、接空载线路的最大长度

电压等级 kV	10	35	66	110	220
长度 km	50	30	20	10	3
注：线路长度包括分支在内，但不包括电缆线路。					

【解读】带电断、接空载线路时，在断、接过程中因存在电容电流而产生电弧。因此，作业人员应戴护目镜，并采取消弧措施。断、接空载线路应根据线路电压等级、长短及其电容电流选择断接工具。如使用消弧绳，则其断、接的空载线路的长度不应大于本规程表 11 的规定，且作业人员与断开点应保持 4m 以上的距离，以免危及作业人员人身安全。消弧绳断、接空载线路的电容电流以 3A 为限，超过此值时，应选用消弧能力与空载线路电容电流相适应的断接工具（根据 DL/T 966—2005《送电线路带电作业技术导则》）。

c) 在查明线路确无接地、绝缘良好、线路上无人工作且相位确定无误后，方可进行带电断、接引线。

d) 带电接引线时未接通相的导线及带电断引线时已断开相的导线将因感应而带电。为防止电击，应采取措施后才能触及。

【解读】带电接引线时未接通相的导线、带电断引线时已断开相的导线上都会因感应而带电，为防止作业人员遭电击，应使用消弧器或消弧绳等措施后才能触及。

e) 禁止同时接触未接通的或已断开的导线两个断头，以防人体串入电路。

【解读】由于未接通的或已断开的导线两个断头有电位差，禁止作业人员同时接触这两个断头，以免人体串入电路而被流过的电流伤害。

13.4.2 禁止用断、接空载线路的方法使两电源解列或并列。

【解读】采用断空载线路方法使两电源解列，会在断口处产生电弧，造成作业人员被电弧伤害。采用接空载线路使两电源并列，会引起电流分布改变，并列瞬间同样会在连接处产生电弧，造成作业人员被电弧伤害。

13.4.3 带电断、接耦合电容器时，应将其接地刀闸合上、停用高频保护和信号回路。被断开的电容器应立即对地放电。

【解读】在带电断、接耦合电容器时，将会有脉冲信号输入高频保护装置，造成装置损坏或误动。因此，工作前，应停用高频保护和信号回路，并在合上接地刀闸后，方可开始工作。被断开后的电容器储有电荷，具有电位，因此应立即对地放电。

13.4.4 带电断、接空载线路、耦合电容器、避雷器、阻波器等设备引线时，应采取防止引流线摆动的措施。

【解读】进行这类作业时，应使用绝缘绳或绝缘支撑杆等将引流线可靠固定，以防止其摆动而造成接地、相间短路或人身触电。

13.5 带电短接设备。

13.5.1 用分流线短接断路器（开关）、隔离开关（刀闸）、跌落式熔断器等载流设备，应遵守下列规定：

a) 短接前一定要核对相位。

b) 组装分流线的导线处应清除氧化层，且线夹接触应牢固可靠。

【解读】清除氧化层后且线夹接触牢固可以减小接触电阻，避免线夹发热。

c) 35kV 及以下设备使用的绝缘分流线的绝缘水平应符合表 15 的规定。

【解读】35kV 及以下设备可使用有绝缘层的分流线，分流线的绝缘水平应合格。

d) 断路器（开关）应处于合闸位置，并取下跳闸回路熔断器，锁死跳闸机构后，方可短接。

【解读】在短接断路器（开关）过程中，如发生断路器（开关）跳闸，相电压加在等电位作业的断开点开口端，可能产生强烈的电弧而危及人身安全。因此，短接前，断路器（开关）应处于合闸位置，并取下跳闸回路熔断器，锁住跳闸机构后，方可短接。

e) 分流线应支撑好，以防摆动造成接地或短路。

13.5.2 阻波器被短接前，严防等电位作业人员人体短接阻波器。

【解读】如人体短接阻波器，相当于人体与阻波器并联，会有部分负荷电流通过作业人员的屏蔽服，此时将会瞬间出现电弧，造成人身伤害。所以，短接阻波器前，等电位作业要防止人体短接阻波器。

13.5.3 短接开关设备或阻波器的分流线截面和两端线夹的载流容量，应满足最大负荷电流的要求。

13.6 带电清扫机械作业。

13.6.1 进行带电清扫工作时，绝缘操作杆的有效长度不准小于表 6 的规定。

13.6.2 在使用带电清扫机械进行清扫前，应确认：清扫机械工况（电机及控制部分、软轴及传动部分等）完好，绝缘部件无变形、脏污和损伤，毛刷转向正确，清扫机械已可靠接地。

【解读】带电清扫机械在使用前,应对清扫机械的机械部分进行全面的检查和测试,避免机械部件损坏造成人身伤害事故;检查绝缘部件是否变形、脏污和损伤,并对其进行绝缘检测,防止绝缘降低,进而伤害作业人员;测试毛刷转向是否正确;确保其各项性能完好、合格后,方可使用。开始清扫作业前,应将清扫机械可靠接地。

13.6.3 带电清扫作业人员应站在上风侧位置作业,应戴口罩、护目镜。

【解读】为了避免清扫下来的灰尘吹入作业人员的眼睛和进入呼吸系统。

13.6.4 作业时,作业人员的双手应始终握持绝缘杆保护环以下部位,并保持带电清扫有关绝缘部件的清洁和干燥。

【解读】作业人员的双手应始终握持绝缘杆保护环以下部位,是为了确保绝缘操作杆的有效绝缘长度。作业过程中,清扫下来的大量灰尘会堆积在绝缘部件上,降低绝缘性能,作业人员应及时对绝缘部件进行清扫,确保其清洁和干燥。

13.7 高架绝缘斗臂车作业。

13.7.1 高架绝缘斗臂车应经检验合格。斗臂车操作人员应熟悉带电作业的有关规定,并经专门培训,考试合格、持证上岗。

【解读】高架绝缘斗臂车属于特种设备,其结构和操作较为复杂,且作业时将作业人员升至高空进行带电作业。因此,对作业人员和斗臂车的操作应有严格的要求。高架绝缘斗臂车应经检验机构检验合格,各项试验和检查应符合 DL/T 854—2004《带电作业用绝缘斗臂车的保养维护及在使用中的试验》规定。

13.7.2 高架绝缘斗臂车的工作位置应选择适当,支撑应稳固可靠,并有防倾覆措施。使用前应在预定位置空斗试操作一次,确认液压传动、回转、升降、伸缩系统工作正常、操作灵活,制动装置可靠。

【解读】高架绝缘斗臂车的工作位置应选择适当，支撑应稳固可靠，并采取在四只支撑脚下方垫枕木或钢板等防倾覆措施。每次使用前，应在预定位置空斗试操作一次，以确认液压传动、回转、升降、伸缩系统工作正常、操作灵活，制动装置可靠。如有异常现象，应禁止使用。

13.7.3 绝缘斗中的作业人员应正确使用安全带和绝缘工具。

【解读】绝缘斗中作业人员的安全带应系在绝缘斗的牢固构件上，并正确使用检测合格的绝缘工具。

13.7.4 高架绝缘斗臂车操作人员应服从工作负责人的指挥，作业时应注意周围环境及操作速度。在工作过程中，高架绝缘斗臂车的发动机不准熄火。接近和离开带电部位时，应由斗臂中人员操作，但下部操作人员不准离开操作台。

【解读】高架绝缘斗臂车操作人员作业时，由于所处位置、角度关系，无法顾及周边情况，故应服从工作负责人的指挥。斗臂车在道路边、人员密集等区域作业时，应正确设置交通警告标志和安全围栏。斗臂车在工作过程中，发动机不准熄火，以确保意外情况发生时能及时处理。

如绝缘斗臂由下部操作人员操作时，在车斗接近和离开带电部位时，应由斗中人员操作，便于带电作业的安全进行。为了在上部操作失效时能及时进行应对，下部操作人员不准离开操作台。

如绝缘斗臂由斗中人员操作时，应由专人操作。即一人操作斗臂，一人进行带电作业。工作负责人应加强对下部操作台的监护，以免其他人员进入下部操作台发生误操作。

13.7.5 绝缘臂的有效绝缘长度应大于表12的规定。且应在下端装设泄漏电流监视装置。

表 12　绝缘臂的最小有效绝缘长度

电压等级 kV	10	35	66	110	220	330
长度 m	1.0	1.5	1.5	2.0	3.0	3.8

【解读】绝缘臂伸出作业时，其有效绝缘长度应大于本规程表12 的规定，且应在其下端装设泄漏电流监视装置。工作负责人应派人对泄漏电流情况进行监视，泄漏电流应满足本规程附录 K 的规定。

13.7.6 绝缘臂下节的金属部分，在仰起回转过程中，对带电体的距离应按表 5 的规定值增加 0.5m。工作中车体应良好接地。

【解读】由于设备及作业环境的原因，在作业过程中操作人员很难控制绝缘臂下节的金属部分与带电体的安全距离。所以，在仰起回转等过程中，对带电体的距离应按本规程表 5 的规定值增加 0.5m。如斗臂的升降、仰起回转由斗中人员进行操作时，工作负责人（监护人）应严格监护，确保绝缘臂下节的金属部分与带电体的距离满足上述要求。工作中车体应始终良好接地，以防感应电。

13.8 保护间隙。

13.8.1 保护间隙的接地线应用多股软铜线。其截面应满足接地短路容量的要求，但不准小于 25mm²。

【解读】接地线截面不得小于 25mm²，主要考虑了间隙放电时继电保护动作较快，在跳闸的短时间内可以保证接地线不被烧断。

13.8.2 保护间隙的距离应按表 13 的规定进行整定。

表 13　保护间隙整定值

电压等级 kV	220	330	500	750	1000
间隙距离 m	0.7～0.8	1.0～1.1	1.3	2.3	3.6
注：330kV 及以下保护间隙提供的数据是圆弧形，500kV 及以上保护间隙提供的数据是球形。					

13.8.3　使用保护间隙时，应遵守下列规定：

　　a）　悬挂保护间隙前，应与调控人员联系停用重合闸或直流线路再启动功能。

【解读】保护间隙在安装、调节过程中，可能会造成线路接地跳闸。为防止作业人员发生二次伤害，悬挂保护间隙前，工作负责人应向调控人员申请停用重合闸或直流线路再启动功能。保护间隙悬挂后，工作负责人应及时向调控人员汇报。

　　b）　悬挂保护间隙应先将其与接地网可靠接地，再将保护间隙挂在导线上，并使其接触良好。拆除的程序与其相反。

【解读】悬挂保护间隙的顺序与挂接地线的顺序一样，先挂接地端，后挂导线端，连接应可靠。间隙具有可调节的性能时，悬挂前先将间隙调大，与导线挂接牢固后再调至整定值；拆除时，也应先将间隙调大后再脱离导线。拆除保护间隙的顺序与悬挂相反，先拆导线端，后拆接地端。

　　c）　保护间隙应挂在相邻杆塔的导线上，悬挂后，应派专人看守，在有人、畜通过的地区，还应增设围栏。

【解读】为了防止保护间隙放电时电弧伤及作业人员，保护间隙应挂在相邻杆塔的导线上，保护间隙的保护范围约为 1.7km（根据 DL/T 966—2005《送电线路带电作业技术导则》）。由于保护间隙悬挂点离作业点有一定距离，应派专人看守，在有人、畜通过的地区，还应增设围栏。

　　d）　装、拆保护间隙的人员应穿全套屏蔽服。

13.9　带电检测绝缘子。

　　使用火花间隙检测器检测绝缘子时，应遵守下列规定：

　　a）　检测前，应对检测器进行检测，保证操作灵活，测量准确。

【解读】使用火花间隙检测器检测绝缘子时，因良好绝缘子两端存在数千伏的电位差，能使空气间隙击穿而产生火花放电，发出放电声；而在老化的或零值的绝缘子两端的电位差很小或等于零，不能击穿空气间隙，不会产生火花放电。其火花间隙的距离一般按照绝缘子的最低分布电压值的50%来设置间隙。带电作业用火花间隙检测装置分为普通型和带蜂鸣型两类，装置的型式为固定间隙型，但其间隙距离可按适用的电压等级进行调整（见DL/T 415—2009《带电作业用火花间隙检测装置》）。

在检测前，要先检查间隙距离是否满足出厂规定值。如间隙过大，会把良好绝缘子误判为低值或零值；如间隙过小，会将低值绝缘子误判为良好。

b） 针式绝缘子及少于 3 片的悬式绝缘子不准使用火花间隙检测器进行检测。

【解读】如使用火花间隙检测器对针式绝缘子进行测零，将造成线路直接接地故障。少于 3 片的悬式绝缘子，如果其中 1 片为零值，在使用火花间隙检测器检测另 1 片时，也将造成线路接地故障。故针式绝缘子及少于 3 片的悬式绝缘子不准使用火花间隙检测器进行检测。

c） 检测 35kV 及以上电压等级的绝缘子串时，当发现同一串中的零值绝缘子片数达到表 14 的规定时，应立即停止检测。

表 14　一串中允许零值绝缘子片数

电压等级 kV	35	66	110	220	330	500	750	1000	±500	±660	±800
绝缘子串片数	3	5	7	13	19	28	29	54	37	50	58
零值片数	1	2	3	4	6	5	18	16	26	27

注：如绝缘子串的片数超过表 14 的规定时，零值绝缘子允许片数可相应增加。

【解读】检测 35kV 及以上电压等级的绝缘子串时，当发现同一串中的零值绝缘子片数达到本规程表 14 的规定时，如继续测试，将可能造成绝缘子串闪络而引起线路跳闸。因此，检测中发现零值的片数达到本规程表14规定时，应立即停止检测。

d）直流线路不采用带电检测绝缘子的检测方法。

【解读】由于检测直流线路的绝缘子时，受绝缘子周围空间离子流和绝缘子表面电阻的影响很大，为保证作业人员的人身和设备安全，直流线路不采用带电检测绝缘子的检测方法。

e）应在干燥天气进行。

【解读】在空气湿度太大时，由于空气绝缘的下降及空气分子在电场下电离现象的不同，绝缘子本身泄漏电流增大，使火花放电现象减弱，将造成误判。同时，绝缘操作杆的绝缘性能也将降低，甚至发生绝缘击穿。故应在干燥天气进行。

13.10 配电带电作业。

13.10.1 进行直接接触 20kV 及以下电压等级带电设备的作业时，应穿着合格的绝缘防护用具（绝缘服或绝缘披肩、绝缘手套、绝缘鞋）；使用的安全带、安全帽应有良好的绝缘性能，必要时戴护目镜。使用前应对绝缘防护用具进行外观检查。作业过程中禁止摘下绝缘防护用具。

【解读】在配电线路带电作业时，由于配电线路间的距离小，且配电设施密集，作业范围小，作业人员在作业过程中很容易触及邻相及不同电压的带电导线和设备。故进行直接接触 20kV 及以下电压等级带电设备的作业时，应注意以下事项：

（1）作业人员应正确穿着绝缘服或绝缘披肩、绝缘手套、绝缘鞋等绝缘防护用具，应使用绝缘安全带和安全帽。

（2）在作业过程中，人体裸露部分与带电体的最小安全距离、绝缘绳索工具最小有效绝缘长度等均应满足本规程的相关规定。

（3）为防止作业人员误碰带电设备，禁止在作业过程中摘下绝缘防护用具。为防止作业人员在作业过程中由于电弧而灼伤眼睛，必要时应戴护目镜。

（4）各类绝缘防护用具使用前应对其进行外观检查和绝缘检测。

13.10.2 作业时，作业区域带电导线、绝缘子等应采取相间、相对地的绝缘隔离措施。绝缘隔离措施的范围应比作业人员活动范围增加 0.4m 以上。实施绝缘隔离措施时，应按先近后远、先下后上的顺序进行，拆除时顺序相反。装、拆绝缘隔离措施时应逐相进行。

禁止同时拆除带电导线和地电位的绝缘隔离措施；禁止同时接触两个非连通的带电导体或带电导体与接地导体。

【解读】作业时，因配电线路作业区域内带电导线相间、相对地的距离较小，为确保作业人员的人身和设备安全，应对作业区域带电导线、绝缘子等采取相间、相对地的绝缘隔离措施。通常绝缘隔离措施为绝缘遮蔽、绝缘隔板等。为方便作业人员作业，避免发生人员意外触电，绝缘隔离措施的范围应比作业人员活动范围增加 0.4m 以上。

为避免意外碰触有电部位，在实施绝缘隔离措施时，应按先近后远、先下后上的顺序进行，拆除时顺序相反。在实施过程中，人体裸露部分与带电体的最小安全距离应满足本规程表 5 的规定。

装、拆绝缘隔离措施时应逐相进行，应按顺序依次拆除带电导线和地电位的绝缘隔离措施。禁止同时拆除带电导线和地电位的绝缘隔离措施，禁止同时接触两个非连通的带电导体或带电导体与接地导体，以防止人体串入其中发生短路触电。

13.10.3 作业人员进行换相工作转移前，应得到工作监护人的同意。

【解读】因相间及相对地距离小，为防止作业人员在进行换相转移作业中，人体意外碰触相邻带电导线或接地而发生触电伤害。作业人员进行换相工作转移前，应得到工作监护人的同意，在其监护下方可开始转移。

13.11 带电作业工具的保管、使用和试验。

13.11.1 带电作业工具的保管。

13.11.1.1 带电作业工具应存放于通风良好，清洁干燥的专用工具房内。工具房门窗应密闭严实，地面、墙面及顶面应采用不起尘、阻燃材料制作。室内的相对湿度应保持在 50%～70%。室内温度应略高于室外，且不宜低于 0℃。

【解读】绝缘工具的电气和机械性能良好与否，直接影响到带电作业时的人身及设备安全。因此，需做好带电作业工具的维护和保管。带电作业工具房设计、温度及湿度的控制应符合 DL/T 974—2005《带电作业用工具库房》的规定。

13.11.1.2 带电作业工具房进行室内通风时，应在干燥的天气进行，并且室外的相对湿度不准高于 75%。通风结束后，应立即检查室内的相对湿度，并加以调控。

【解读】在对带电作业工具房进行室内通风时，应在天气干燥下进行，并且室外的相对湿度不准高于 75%，以免造成室内湿度的提高。通风结束后，应立即检测室内的相对湿度。如不能满足上述要求时，应立即打开抽湿机、加热器进行除湿，直至满足要求为止。

13.11.1.3 带电作业工具房应配备湿度计、温度计，抽湿机（数量以满足要求为准），辐射均匀的加热器，足够的工具摆放架、吊架和灭火器等。

【解读】带电作业工具房应符合 DL/T 974—2005《带电作业用工具库房》的规定。

13.11.1.4 带电作业工具应统一编号、专人保管、登记造册，并建立试验、检修、使用记录。

13.11.1.5 有缺陷的带电作业工具应及时修复，不合格的应予报废，禁止继续使用。

【解读】有缺陷的带电作业工具修复后，经重新试验合格后，方可使用。

13.11.1.6 高架绝缘斗臂车应存放在干燥通风的车库内，其绝缘部分应有防潮措施。

【解读】高架绝缘斗臂车的存放应符合 DL/T 974—2005《带电作业用工具库房》和 DL/T 854—2004《带电作业用绝缘斗臂车的保养维护及在使用中的试验》的规定。

13.11.2 带电作业工具的使用。

13.11.2.1 带电作业工具应绝缘良好、连接牢固、转动灵活，并按厂家使用说明书、现场操作规程正确使用。

13.11.2.2 带电作业工具使用前应根据工作负荷校核机械强度，并满足规定的安全系数。

【解读】带电作业工具机械强度应按下式校核

机械强度=实际工作中的负荷×安全系数。

其中，安全系数具体参照相关的带电作业技术规程而定。

13.11.2.3 带电作业工具在运输过程中，带电绝缘工具应装在专用工具袋、工具箱或专用工具车内，以防受潮和损伤。发现绝缘工具受潮或表面损伤、脏污时，应及时处理并经试验或检测合格后方可使用。

【解读】为防止带电作业工具在运输过程中发生受潮和损伤，应将其装在相应的专用工具袋、工具箱或专用工具车内。发现绝缘工具受潮、脏污时，应采用干净的棉布进行擦拭或烘干处理，并重新按照本规程 13.11.2.5 的规定进行绝缘检测合格后方可使用；如果绝缘工具受潮、脏污较为严重或表面损伤，应送回厂家进行处理，并应经有资质的试验单位试验合格后方可继续使用。

13.11.2.4 进入作业现场应将使用的带电作业工具放置在防潮的

帆布或绝缘垫上，防止绝缘工具在使用中脏污和受潮。

【解读】进入作业现场的绝缘工具，在检查、检测、使用过程中，应始终确保其在防潮的帆布或绝缘垫内。特别要注意防止绝缘绳索落到防潮的帆布或绝缘垫以外的区域。绝缘绳索在转位或移动作业时，应将其装入专用的工具袋内，以免脏污和受潮。

13.11.2.5 带电作业工具使用前，仔细检查确认没有损坏、受潮、变形、失灵，否则禁止使用。并使用 2500V 及以上绝缘电阻表或绝缘检测仪进行分段绝缘检测（电极宽 2cm，极间宽 2cm），阻值应不低于 700MΩ。操作绝缘工具时应戴清洁、干燥的手套。

【解读】使用 2500V 及以上绝缘电阻表或绝缘检测仪进行分段绝缘检测时，检测的电极宽为 2cm、极间宽为 2cm。如果电极与绝缘工具接触面积小，将影响绝缘电阻的测量结果，可能会将绝缘电阻不符合要求的工具判断为合格，故不得采用电极宽和极间宽小于上述规定的电极进行测试。操作绝缘工具时，操作人员应戴清洁、干燥的手套，以免绝缘工具脏污、受潮。

13.11.3 带电作业工具的试验。

13.11.3.1 带电作业工具应定期进行电气试验及机械试验，其试验周期为：

电气试验：预防性试验每年一次，检查性试验每年一次，两次试验间隔半年。

机械试验：绝缘工具每年一次，金属工具两年一次。

13.11.3.2 绝缘工具电气预防性试验项目及标准见表 15。

表 15　绝缘工具电气预防性试验项目及标准

额定电压 kV	试验长度 m	1min 工频耐压 kV		3min 工频耐压 kV		15 次操作冲击耐压 kV	
		出厂及型式试验	预防性试验	出厂及型式试验	预防性试验	出厂及型式试验	预防性试验
10	0.4	100	45	—	—	—	—

表 15（续）

额定电压 kV	试验长度 m	1min 工频耐压 kV		3min 工频耐压 kV		15 次操作冲击耐压 kV	
		出厂及型式试验	预防性试验	出厂及型式试验	预防性试验	出厂及型式试验	预防性试验
35	0.6	150	95	—	—	—	—
66	0.7	175	175	—	—	—	—
110	1.0	250	220	—	—	—	—
220	1.8	450	440	—	—	—	—
330	2.8	—	—	420	380	900	800
500	3.7	—	—	640	580	1175	1050
750	4.7	—	—	—	780	—	1300
1000	6.3	—	—	1270	1150	1865	1695
±500	3.2	—	—	—	565	—	970
±660	4.8	—	—	820	745	1480	1345
±800	6.6	—	—	985	895	1685	1530

注：±500kV、±600kV、±800kV 预防性试验采用 3min 直流耐压。

操作冲击耐压试验宜采用 250/2500μs 的标准波，以无一次击穿、闪络为合格。

工频耐压试验以无击穿、无闪络及过热为合格。

高压电极应使用直径不小于 30mm 的金属管，被试品应垂直悬挂，接地极的对地距离为 1.0m～1.2m。接地极及接高压的电极（无金具时）处，以 50mm 宽金属铂缠绕。试品间距不小于 500mm，单导线两侧均压球直径不小于 200mm，均压球距试品不小于 1.5m。

试品应整根进行试验，不准分段。

13.11.3.3 绝缘工具的检查性试验条件是：将绝缘工具分成若干段进行工频耐压试验，每 300mm 耐压 75kV，时间为 1min，以无击穿、闪络及过热为合格。

13.11.3.4 带电作业高架绝缘斗臂车电气试验标准见附录 K。

13.11.3.5 整套屏蔽服装各最远端点之间的电阻值均不得大于20Ω。

13.11.3.6 带电作业工具的机械预防性试验标准。

静荷重试验：1.2 倍额定工作负荷下持续 1min，工具无变形及损伤者为合格。

动荷重试验：1.0 倍额定工作负荷下操作 3 次，工具灵活、轻便、无卡住现象为合格。

【解读】带电作业工具的试验可参照 DL/T 976—2005《带电作业工具、装置和设备预防性试验规程》、DL/T 878—2004《带电作业用绝缘工具试验导则》及相关交（直）流输电线路带电作业技术导则。

14 施工机具和安全工器具的
使用、保管、检查和试验

14.1 一般规定。

14.1.1 施工机具和安全工器具应统一编号，专人保管。入库、出库、使用前应进行检查。禁止使用损坏、变形、有故障等不合格的施工机具和安全工器具。机具的各种监测仪表以及制动器、限位器、安全阀、闭锁机构等安全装置应齐全、完好。

【解读】施工机具和安全工器具统一编号以便于使用和管理，通过统一编号记录施工机具和安全工器具从购置、配发、现场使用、维修到报废的全过程，防止现场使用未经试验、已报废的或存在隐患的施工机具和安全工器具。

出入库和使用前对施工机具、安全工器具进行检查，保证施工机具和安全工器具按周期进行试验，符合使用条件。

将损坏、变形和有故障等不合格的施工机具和安全工器具应分开保管，防止现场使用时无意取用。施工机具上的监测仪表和安全装置应完好并投入使用，正确监测机具的使用情况，保证机具的正常使用。

14.1.2 自制或改装和主要部件更换或检修后的机具，应按DL/T 875 的规定进行试验，经鉴定合格后方可使用。

【解读】自制、改装、主要部件更换或检修后的机具，经具备资格的鉴定机构，按相关标准进行试验鉴定，以确定机具是否符合使用要求。其内容主要有空载、负载、过载试验，压力耐压试验，制动试验等。自制、改装、主要部件更换的机具鉴定还包括进行型式试验。

14.1.3 机具应由了解其性能并熟悉使用知识的人员操作和使用。机具应按出厂说明书和铭牌的规定使用，不准超负荷使用。

14.1.4 起重机械的操作和维护应遵守 GB 6067 的规定。

【解读】起重机械的操作和维护应遵守 GB 6067.1—2010《起重机械安全规程 第 1 部分：总则》中的相关内容。

14.2 施工机具的使用要求。

14.2.1 各类绞磨和卷扬机。

14.2.1.1 绞磨应放置平稳，锚固可靠，受力前方不准有人。锚固绳应有防滑动措施。在必要时宜搭设防护工作棚，操作位置应有良好的视野。

【解读】绞磨是可移动的小型起重设备，后侧锚固承受绞磨的起重力，依靠牵引钢丝绳与磨芯之间的摩擦来实现牵引、提升和下降功能，安放平稳保证起重绳索在磨轮上正确盘绕，防止绳索在磨轮交叉减小摩擦力或无法牵引而不能工作。为防止绞磨锚固失效向前移动造成伤害，前方不应有人工作。

为防止外界干扰和雨雪等对绞磨摩擦力造成影响，因此需要在环境嘈杂地段和长期工作的绞磨搭设防护工作棚；操作位置有良好的视野，是保证操作人员能够看到起吊物的移动范围，有效控制绞磨防止起重伤害。

14.2.1.2 牵引绳应从卷筒下方卷入，排列整齐，并与卷筒垂直，在卷筒上不准少于 5 圈（卷扬机：不准少于 3 圈）。钢绞线不准进入卷筒。导向滑车应对正卷筒中心。滑车与卷筒的距离：光面卷筒不应小于卷筒长度的 20 倍，有槽卷筒不应小于卷筒长度的 15 倍。

【解读】牵引绳从卷筒下方卷入，可增加绞磨防倾覆能力；牵引绳与卷筒垂直可增加绞磨稳定性。牵引绳在卷筒上留有足够的圈数，以增加牵引绳与卷筒之间的摩擦力，防止起重时牵引绳与卷筒之间打滑而牵引力不足。

钢绞线的弯曲半径远大于绞磨卷筒的半径，直接进入卷筒，钢绞线将变形受损。

导向滑车应对正卷筒中心，以避免横向分力造成绞磨左右摇摆。导向滑车与卷筒间的距离是保证牵引绳在卷筒整齐排列，防止叠压。

14.2.1.3　作业前应进行检查和试车，确认卷扬机设置稳固，防护设施、电气绝缘、离合器、制动装置、保险棘轮、导向滑轮、索具等合格后方可使用。

14.2.1.4　人力绞磨架上固定磨轴的活动挡板应装在不受力的一侧，禁止反装。人力推磨时，推磨人员应同时用力。绞磨受力时人员不准离开磨杠，防止飞磨伤人。作业完毕应取出磨杠。拉磨尾绳不应少于 2 人，应站在锚桩后面，且不准在绳圈内。绞磨受力时，不准用松尾绳的方法卸荷。

【解读】人力绞磨为便于拆卸分解运输和牵引绳绕上卷筒，在绞磨支架上留有用于装拆卷筒和绕绳的挡板，挡板承受压力相对较差，因此安放在不受力侧。

人力推动绞磨是通过作业人员推动磨杆进行工作，绞磨受力时如人员突然离开磨杠，将破坏绞磨的受力平衡，当人力不足以保持绞磨牵引力时，绞磨会反向快速旋转（飞磨）而伤及作业人员，故绞磨受力时人员不准离开磨杠。

拉紧磨尾绳可增加牵引绳与磨筒的摩擦力和防止牵引绳受力后跑绳。为保证可靠拉紧磨尾绳和防止尾绳缠绕，因此规定不少于 2 人。采用松尾绳方法卸荷，因重物下降速度过快而造成操作人手部伤害或尾绳失控。

14.2.1.5　作业时禁止向滑轮上套钢丝绳，禁止在卷筒、滑轮附近用手扶运行中的钢丝绳，不准跨越行走中的钢丝绳，不准在各导向滑轮的内侧逗留或通过。吊起的重物必须在空中短时间停留时，应用棘爪锁住。

【解读】作业中的滑轮是受力和转动部件，若作业时打开滑轮的侧板，将破坏滑轮的受力平衡和转动，因此禁止在作业中向滑轮套钢丝绳。

作业中绞磨的卷筒、滑轮均是转动部件且无防护罩，防止作业人员的衣物和手卷入造成伤害，因此禁止在卷筒、滑轮附近用手扶运行中的钢丝绳。

为防止绞磨、卷扬机故障或作业人员操作失误，发生跑磨、跑绳等，因此起吊重物时，重物需要在空中停留时，应使用棘爪锁住。

14.2.1.6 拖拉机绞磨两轮胎应在同一水平面上，前后支架应受力平衡。绞磨卷筒应与牵引绳的最近转向点保持 5m 以上的距离。

【解读】为保证牵引钢丝绳能够有序地在卷筒上盘绕，防止牵引钢丝绳在拖拉机绞磨卷筒上绳索叠绕、挤压，因此拖拉机轮胎应放在同一水平面上。为防止钢丝绳在卷筒上叠绕、挤压，因此转向点与绞磨卷筒之间应保持 5m 以上的距离。

14.2.2 抱杆。

14.2.2.1 选用抱杆应经过计算或负荷校核。独立抱杆至少应有四根拉绳，人字抱杆至少应有两根拉绳并有限制腿部开度的控制绳，所有拉绳均应固定在牢固的地锚上，必要时经校验合格。

【解读】抱杆是线路施工中的重要起重承力工器具，为防止超负荷使用而折断，因此应根据起吊重物的重量进行验算。为防止人字抱杆受力腿部拉开，因此人字抱杆腿部应用拉绳固定。

为防止抱杆受力侧向倾斜，人字抱杆当做固定式起重抱杆使用时应有 4 根拉绳，作为倒落抱杆使用时应有 2 根拉绳。

抱杆的拉绳控制抱杆倾斜角度和保证抱杆受力平衡，根据起吊情况随时调整。为保证可靠性，所有拉绳均应固定在牢固的地锚上。地锚的稳定性和拉绳的角度应根据施工场地、土壤情况、起吊设备的重量等因素进行验算。

14.2.2.2 抱杆的基础应平整坚实、不积水。在土质疏松的地方，抱杆脚应用垫木垫牢。

【解读】使用中的抱杆基础受起重物下压力和抱杆自重，有积水、土质疏松的地方抱杆易下沉或滑移而导致抱杆倾覆。因此，抱杆基础应平整坚实。土质疏松的地方抱杆脚加垫木以防沉陷。

14.2.2.3 抱杆有下列情况之一者禁止使用。

a) 圆木抱杆：木质腐朽、损伤严重或弯曲过大。

b) 金属抱杆：整体弯曲超过杆长的 1/600。局部弯曲严重、磕瘪变形、表面严重腐蚀、缺少构件或螺栓、裂纹或脱焊。

c) 抱杆脱帽环表面有裂纹或螺纹变形。

【解读】抱杆起重受力时承受弯曲力，当木抱杆出现腐朽、损伤严重时，容易发生折断。木抱杆弯曲过大承受弯曲力时偏心弯矩增大而降低抱杆的许用吊重。

金属抱杆整体弯曲超过杆长的 1/600 时，弯曲增大，将使抱杆承受较大偏心弯矩，影响抱杆强度，并可能损坏抱杆。当金属抱杆出现局部磕瘪变形、表面严重腐蚀时，抱杆承受弯曲力能力下降，甚至导致抱杆折断。缺少构件、螺栓、裂纹或脱焊等均属于抱杆结构性隐患，容易造成抱杆折断导致意外发生。

抱杆脱帽环表面有裂纹，起重过程容易发生脱帽断裂。脱帽螺纹变形在起重过程中会出现与抱杆卡涩，不能正常脱帽。

14.2.2.4 抱杆的金属结构、连接板、抱杆头部和回转部分等，应每年对其变形、腐蚀、铆、焊或螺栓连接进行一次全面检查。每次使用前，也应进行检查。

【解读】为保证抱杆处于良好的使用状态，抱杆的金属结构、连接板、抱杆头部和回转部分等主要的受力部位每年应进行一次全面检查，及时消除存在隐患或进行更换，防止作业时因缺陷而造成承重能力下降。每次使用前，也应进行检查。

14.2.2.5 缆风绳与抱杆顶部及地锚的连接应牢固可靠。缆风绳与地面的夹角一般不大于 45°。缆风绳与架空输电线及其他带电体的安全距离应不小于表 19 的规定。

【解读】起重作业过程中，缆风绳的夹角会影响地锚的稳固性，角度过大，地锚受上拔力不利于地锚的稳定，同时水平分力减小，抱杆的稳定性将下降；角度过小，对施工场地占地面积过大，实际施工中存在难度。

起重作业过程中缆风绳在受力和松弛情况下，会产生较大幅度摆动，因此与带电导线的安全距离应执行起重作业的安全距离，即不小于本规程表 19 的规定。

14.2.2.6 地锚的分布及埋设深度应根据地锚的受力情况及土质情况确定。地锚坑在引出线露出地面的位置，其前面及两侧的 2m 范围内不准有沟、洞、地下管道或地下电缆等。地锚埋设后应进行详细检查，试吊时应指定专人看守。

【解读】地锚的抗拔能力由地锚带动的斜向倒截锥体土块重量及土壤摩擦力来确定，地锚的抗拔力与埋设深度和土质的密实性有关。因此，在制定地锚方案时需要掌握现场土质情况。

地锚受力过程中应指定专人观察地锚移动情况，发现地锚变化异常移动时应立即卸载。采取补强措施，如采用组合地锚或在地锚受力侧加装挡土板等。设置地锚 2m 范围内有沟、洞等减小了倒锥体土块重量，破坏了土壤稳定性，从而降低了对地锚的抗拔力。

14.2.3 导线联结网套。

导线穿入联结网套应到位，网套夹持导线的长度不准少于导线直径的 30 倍。网套末端应以铁丝绑扎不少于 20 圈。

【解读】架空输电线路放、紧、撤线中使用导线联结网套连接时，承受牵引张力，网套与导线的摩擦力决定于网套与导线接触长度。依据 DL/T 875—2004《输电线路施工机具设计、试验基本要求》规定，网套夹持导线的长度不准少于导线直径的 30 倍。防止牵引时导线从网套内滑出，并规定对网套末端的绑扎长度不少于 20 圈。

14.2.4 双钩紧线器。

经常润滑保养。换向爪失灵、螺杆无保险螺丝、表面裂纹或变形等禁止使用。紧线器受力后应至少保留 1/5 有效丝杆长度。

【解读】双钩紧线器是通过收紧丝杆，提升重物的便携式起重工具。换向爪失灵的双钩紧线器无法双向操作，螺杆无保险螺丝在放松过程中容易脱落，表面裂纹或变形隐患将会使紧线器断裂，所以禁止使用。预留 1/5 有效丝杆长度，在承重后松紧调整时，可防止双钩负重后被拔出。

14.2.5 卡线器。

规格、材质应与线材的规格、材质相匹配。卡线器有裂纹、弯曲、转轴不灵活或钳口斜纹磨平等缺陷时应予报废。

【解读】DL/T 875—2004《输电线路施工机具设计、试验基本要求》规定，应按线材相匹配选用的原则，选用卡线器，防止造成压痕、毛刺、拉痕和变形等损伤导线。

卡线器有裂纹，受力后可能会发生断裂；卡线器弯曲时，卡线器夹嘴与导线接触面积减小、钳口斜纹磨平会与线体间的摩擦力减小而导致导线滑跑；转轴不灵活，影响卡线器的开合而导致卡线器的正常使用。因此，规定存在以上情况的卡线器应报废。

14.2.6 放线架。

支撑在坚实的地面上，松软地面应采取加固措施。放线轴与导线伸展方向应形成垂直角度。

【解读】在坚实地面上使用放线架，应防止倾斜和受力不平衡导致倾覆。放线轴应与导线展放方向垂直，防止放线受力不平衡而造成放线架倾倒、损坏或导致导线磨损。

14.2.7 地锚。

14.2.7.1 分布和埋设深度应根据其作用和现场的土质设置。

【解读】参照本规程 14.2.2.6 条解读。

14.2.7.2 弯曲和变形严重的钢质地锚禁止使用。

【解读】钢质地锚发生弯曲和变形，下旋时对地锚周边的土壤造成松动而影响地锚的受力，使相关的缆绳、起重设备不能使用。

14.2.7.3 木质锚桩应使用木质较硬的木料，有严重损伤、纵向裂纹和出现横向裂纹时禁止使用。

【解读】木质地锚有严重损伤、纵向裂纹和横向裂纹时，地锚的抗弯强度降低，容易从损伤处断裂。木质地锚使用和保管中，应采取措施防止曝晒和保持一定的湿度，顶部应用钢箍或铁丝绑扎防止开裂。

14.2.8 链条葫芦。

14.2.8.1 使用前应检查吊钩、链条、传动装置及刹车装置是否良好。吊钩、链轮、倒卡等有变形时，以及链条直径磨损量达 10% 时，禁止使用。

【解读】链条葫芦使用前应先观察吊钩、链条是否有明显变形和磨损，再采取负重方式检查传动装置和刹车装置是否良好，或者先对被起吊物进行试吊方式来检查。

吊钩、链轮、倒卡等有变形时，其许用应力下降将会造成脱钩及使用中不能锁止。链条直径磨损量达 10% 时，链条强度下降，无法承载额定载荷，故禁止使用。

14.2.8.2 两台及两台以上链条葫芦起吊同一重物时，重物的重量应不大于每台链条葫芦的允许起重量。

【解读】两台及两台以上链条葫芦起吊同一重物时，无法保证均衡受力，出现单台受力过大或独自承力，将会造成该受力链条葫芦超出允许起重量而断裂，危及人身、设备安全。同时，一台链条葫芦断裂时产生的冲击力加大其他受力链条葫芦受力，进而形成多米诺骨牌效应，使其他链条葫芦受冲击而接连断裂坠落。故起吊物的重量应不大于每台链条葫芦的允许起重量。

14.2.8.3 起重链不得打扭，亦不得拆成单股使用。

【解读】起重链打扭易造成卡链，无法顺利通过链轮，同时使链条承受过大扭力，从而发生弯曲变形导致折断、脱钩的现象。起重链作为葫芦的一部分，拆成单股将破坏葫芦的整体结构，降低葫芦的安全系数。

14.2.8.4 不得超负荷使用，起重能力在 5t 以下的允许 1 人拉链，起重能力在 5t 以上的允许两人拉链，不得随意增加人数猛拉。操作时，人员不准站在链条葫芦的正下方。

【解读】拉链人数多，拉力的大小和方向不容易控制。拉力过猛可能导致葫芦承受的动负荷过大而超负荷，容易造成设备损坏甚至坠落。为防止链条葫芦意外断裂导致链条葫芦或吊物坠落伤人，故禁止人员站在链条葫芦的正下方。

14.2.8.5 吊起的重物如需在空中停留较长时间，应将手拉链拴在起重链上，并在重物上加设保险绳。

【解读】为防止链条葫芦刹车装置失灵起吊物坠落，故吊起的重物如需在空中停留较长时间，将手拉链拴在起重链上。在重物上加设保险绳是防止链条断裂的后备保护措施。

14.2.8.6 在使用中如发生卡链情况，应将重物垫好后方可进行检修。

【解读】在地面或其他作业平台上使用链条葫芦从事起吊作业发生卡链时，应将重物垫好，使链条不受力或减少受力。其作用是避免链条处于承重状态时，检修过程中链条发生跑链或断裂进而造成设备、人身事故。线路施工使用链条葫芦起吊导线等重物发生卡链，经倒链处理仍不能消除时，应更换经试验完好的链条葫芦，将重量转移后拆除卡链的链条葫芦。

14.2.8.7 悬挂链条葫芦的架梁或建筑物，应经过计算，否则不得悬挂。禁止用链条葫芦长时间悬吊重物。

【解读】悬挂链条葫芦的架梁或建筑物，应经过受力分析计算，避免过载造成对架梁或建筑物的结构性损伤，从而导致链条葫芦和吊物脱钩坠落。链条葫芦长时间悬吊重物易导致链环机械疲劳，受意外震动或冲击伤害将造成吊物坠落，故予以禁止。

14.2.9 钢丝绳。

14.2.9.1 钢丝绳应按出厂技术数据使用。无技术数据时，应进行单丝破断力试验。

【解读】单丝破断力试验应执行标准 GB/T 20118—2006《一般用途钢丝绳》"6.9 折股钢丝的要求"和 GB 8918—2006《重要用途钢丝绳》"6.3 折股钢丝"的规定。

14.2.9.2 钢丝绳应按其力学性能选用，并应配备一定的安全系数。钢丝绳的安全系数及配合滑轮的直径应不小于表 16 的规定。

表 16　钢丝绳的安全系数及配合滑轮直径

钢丝绳的用途			滑轮直径 D	安全系数 K
缆风绳及拖拉绳			≥12d	3.5
驱动方式	人力		≥16d	4.5
	机械	轻级	≥16d	5
		中级	≥18d	5.5
		重级	≥20d	6
千斤绳	有绕曲		≥2d	6～8
	无绕曲			5～7
地锚绳				5～6
捆绑绳				10
载人升降机			≥40d	14

注：d 为钢丝绳直径。

【解读】本规程表 16 所示内容原参照 DL 5009.3—1997《电力建设安全工作规程（变电所部分）》（2005 年确认）表 3.8.2.1-1（现修订为 DL 5009.3—2013《电力建设安全工作规程　第 3 部分：变电站》表 3.4.3-1）"钢丝绳的安全系数及滑轮直径"的数据。

　　要求钢丝绳在不同作业情况下（或不同的使用场所）需满足不同的安全系数及配合滑轮直径，保证钢丝绳在承载最大工作载荷的工作强度下，有足够长的使用寿命和安全性。

14.2.9.3　钢丝绳应定期浸油，遇有下列情况之一者应予报废：

　　a)　钢丝绳在一个节距中有表 17 中的断丝根数者。

表 17　钢丝绳报废断丝数

安全系数	钢丝绳结构					
	6×19＋1		6×37＋1		6×61＋1	
	一个节距中的断丝数（根）					
	交互捻	同向捻	交互捻	同向捻	交互捻	同向捻
＜6	12	6	22	11	36	18
6～7	14	7	26	13	38	19
＞7	16	8	30	15	40	20
注：一个节距是指每股钢丝绳缠绕一周的轴向距离。						

　　b)　钢丝绳的钢丝磨损或腐蚀达到钢丝绳实际直径比其公称直径减少 7%或更多者，或钢丝绳受过严重退火或局部电弧烧伤者。

　　c)　绳芯损坏或绳股挤出。

　　d)　笼状畸形、严重扭结或弯折。

　　e)　钢丝绳压扁变形及表面起毛刺严重者。

　　f)　钢丝绳断丝数量不多，但断丝增加很快者。

【解读】钢丝绳报废的规定参见 GB/T 5972—2009/ISO4309.2004《起重机　钢丝绳　保养、维护、安装、检验和报废》。

　　钢丝绳的节距即钢丝绳的捻距；钢丝绳锈蚀、磨损过大、退火、电弧灼伤等使钢丝绳单丝破断力下降；绳芯损坏，钢丝绳失去自身的润滑作用，绳股挤出，钢丝绳受力时绳股相互挤咬损伤钢丝绳；笼状变形、严重扭结、弯折降低了钢丝绳整体的破断力；钢丝绳表面有毛刺说明钢丝绳单丝断裂严重，压扁变形将降低钢丝绳的承载能力；断丝增加很快说明钢丝绳整体破断能力下降迅速。钢丝绳遇以上情况后力学特性会发生改变，达不到额定承载能力，无法满足安全系数要求。

14.2.9.4 钢丝绳端部用绳卡固定连接时，绳卡压板应在钢丝绳主要受力的一边，不准正反交叉设置；绳卡间距不应小于钢丝绳直径的 6 倍；绳卡数量应符合表 18 规定。

表 18　钢丝绳端部固定用绳卡数量

钢丝绳直径 mm	7～18	19～27	28～37	38～45
绳卡数量 个	3	4	5	6

【解读】绳卡的 U 型环压在附绳侧使附绳变形，增加绳卡与钢丝绳的摩擦力而压紧附绳，使绳头固定牢固。

本条依据 DL 5009.1—2002《电力建设安全工作规程 第 1 部分：火力发电厂》中的表 10.5.1-2。GB 6067.1—2010《起重机械安全规程 第 1 部分：总则》已略作修改，但无原则性变化，增加了钢丝绳直径 44～60mm 时固定用绳卡数量是 7 个的数据。

14.2.9.5 插接的环绳或绳套，其插接长度应不小于钢丝绳直径的 15 倍，且不准小于 300mm。新插接的钢丝绳套应做 125%允许负荷的抽样试验。

【解读】GB 6067—2010.1《起重机械安全规程 第 1 部分：总则》4.2.1.5 b）规定："用编结连接时，编接长度不应小于钢丝绳直径的 15 倍，并且不小于 300mm"。其原因主要是考虑插接后的摩擦力，长度越长，接触面积越大，摩擦力越大。

新插接的钢丝绳套应作 125%允许负荷的抽样试验（或连接强度不应小于钢丝绳最小破断拉力的 75%），其目的是确保新插接的钢丝绳套的安全使用。

14.2.9.6 通过滑轮及卷筒的钢丝绳不准有接头。滑轮、卷筒的槽底或细腰部直径与钢丝绳直径之比应遵守下列规定：

起重滑车：机械驱动时不应小于 11，人力驱动时不应小于 10。

绞磨卷筒：不应小于 10。

【解读】依据 DL/T 875—2004《输电线路施工机具设计、试验基本要求》7.1.1、7.2.1 条款规定。

通过滑轮及卷筒的钢丝绳不得有接头，避免作业中因钢丝绳通过滑轮及卷筒时接头发生滑出、卡涩、断裂造成的意外。规定滑轮、卷筒的槽底或细腰部直径与钢丝绳直径之比，以避免钢丝绳过分弯折，从而使钢丝绳使用寿命降低，甚至断裂。

14.2.10 合成纤维吊装带。

【解读】其详细规范要求可参见 JB/T 8521.1—2007《编织吊索 安全性 第 1 部分：一般用途合成纤维扁平吊装带》、JB/T 8521.2—2007《编织吊索 安全性 第 2 部分：一般用途合成纤维圆形吊装带》。

14.2.10.1 合成纤维吊装带应按出厂数据使用，无数据时禁止使用。使用中应避免与尖锐棱角接触，如无法避免应加装必要的护套。

【解读】合成纤维吊装带应按出厂数据使用，无数据时，不能明确吊装带的承载量、使用环境温度等数据，因此禁止使用。装设必要的护套是避免因与尖锐棱角接触，损伤吊装带承载芯而造成安全系数下降。

14.2.10.2 使用环境温度：−40℃～100℃。

【解读】聚酯及聚酰胺吊装带使用环境温度：−40～100℃；聚丙烯吊装带使用环境温度：−40～80℃。在低温、潮湿的情况下，吊装带上会结冰，从而对吊装带形成割口及磨损，因而损坏吊装带。此外，结冰会降低吊装带的柔韧性，极端情况下会使吊装带无法使用。高温下吊装带使用的合成纤维容易发生降解，削弱承载性能。

14.2.10.3 吊装带用于不同承重方式时，应严格按照标签给予的定值使用。

【解读】按标签规定值使用，可避免超载引起的吊装带断裂。

14.2.10.4 发现外部护套破损显露出内芯时，应立即停止使用。

【解读】护套表面的任何明显损伤都可能对承载芯的完整性造成严重影响，可能影响到吊装带继续安全使用，故当发现外部护套破损显露出内芯时，应立即停止使用。

14.2.11 流动式起重机。

14.2.11.1 在带电设备区域内使用汽车吊、斗臂车时，车身应使用不小于 16mm² 的软铜线可靠接地。在道路上施工应设围栏，并设置适当的警示标志牌。

【解读】为防止车身意外带电或存在感应电，造成操作人员和起重机械附近工作人员触电，故规定车身应使用不小于 16mm² 的软铜线可靠接地。

在道路上施工应设围栏，并设置适当的警示标志牌，避免无关人员误入起吊作业范围，防止发生斗臂或起吊物伤人。

14.2.11.2 起重机停放或行驶时，其车轮、支腿或履带的前端或外侧与沟、坑边缘的距离不准小于沟、坑深度的 1.2 倍；否则应采取防倾、防坍塌措施。

【解读】沟、坑边缘承重能力较差，出现不均匀沉陷导致起重机械倾斜甚至倾覆。确需在边缘施工时，可采取铺设钢板或加固沟、坑边缘强度等措施防止坍塌。

14.2.11.3 作业时，起重机应置于平坦、坚实的地面上，机身倾斜度不准超过制造厂的规定。不准在暗沟、地下管线等上面作业；

不能避免时，应采取防护措施，不准超过暗沟、地下管线允许的承载力。

【解读】为防止作业时，起重机机身倾斜度过大，重心不稳，造成起重机倾覆，故规定作业时，起重机应置于平坦、坚实的地面上，机身倾斜度不应超过制造厂的规定。

在暗沟、地下管线等上面施工作业超过允许的承载力，将会造成暗沟、地下管线塌陷而造成起重机倾覆以及地下管线损坏。不能避免时，应采取加装钢板、垫木扩大接触面，减小单位面积压强等措施，以满足暗沟、地下管线允许的承载力。

14.2.11.4 作业时，起重机臂架、吊具、辅具、钢丝绳及吊物等与架空输电线及其他带电体的最小安全距离不准小于表 19 的规定，且应设专人监护。

表 19　与架空输电线及其他带电体的最小安全距离

电压 kV	<1	1～10	35～66	110	220	330	500
最小安全距离 m	1.5	3.0	4.0	5.0	6.0	7.0	8.5

【解读】本规程表 19 所示内容交流 500kV 及以下是在 DL 5009.1—2002《电力建设安全工作规程　第 1 部分：火力发电厂》中的表 9.2.1 的基础上增加了 DL 5009.2—2004《电力建设安全工作规程　第 2 部分：架空电力线路》中表 9.5.6 中的 330、500kV 等级的内容。而在表 9.2.1 中是划分为垂直距离与水平距离，垂直距离更为严格，本表采用了表 9.2.1 中的垂直距离值。

电压 kV	750	1000	±50 及以下	±400	±500	±660	±800
最小安全距离 m	11.00	13.00	5.00	8.50	10.00	12.00	13.00

交流 750、1000kV 及高压直流的最小安全距离是依据 DL 5009.2—2013《电力建设安全工作规程　第 2 部分：电力线路》中表 4.6.8 起重机械及吊件与带电体的安全距离。

起重机在使用中钢丝绳、起重臂等在起吊过程中会摆动或移动，为防止接近带电体而放电，其对带电设备的安全距离应满足本规程表 19 的安全距离。

14.2.11.5　长期或频繁地靠近架空线路或其他带电体作业时，应采取隔离防护措施。

【解读】长期或频繁地靠近架空线路或其他带电体作业时，由于人的精神状态、流动式起重机作业时的晃动等因素，容易造成起重机碰触或接近架空线路及其他带电体造成放电，进而造成人身、设备事故。因此，应采取使用距离测量仪、加装跨越架、隔离墙、限高绳等测量、隔离防护措施。

14.2.11.6　汽车起重机行驶时，应将臂杆放在支架上，吊钩挂在挂钩上并将钢丝绳收紧。车上操作室禁止坐人。

【解读】为防止竖起的臂杆碰及空中的导线、管道等物体，造成设备、设施损坏或导致翻车，故规定汽车吊行驶时将臂杆放在支架上。

为防止吊钩晃动影响司机驾驶和伤及他人，故规定行驶中吊钩挂在挂钩上并将钢丝绳收紧。

车上操作室（即汽车吊起重操作室）坐人，行驶时车辆晃动造成人员高空坠落或误碰操作杆，故禁止上车操作室坐人。

14.2.11.7　汽车起重机及轮胎式起重机作业前应先支好全部支腿后方可进行其他操作。作业完毕后，应先将臂杆完全收回，放在支架上，然后方可起腿。汽车式起重机除设计有吊物行走性能者外，均不准吊物行走。

【解读】要求汽车起重机作业前做好有效支撑，避免因受力过大轮胎严重变形，承力后引起的侧翻。作业完毕后，将臂杆先放在支架上，然后起腿及禁止吊物行走的规定，避免了起重机重心不稳造成侧翻。

履带式起重机具有吊物行走性能。

14.2.11.8 汽车吊试验应遵守 GB 5905 的规定，维护与保养应遵守 ZBJ 80001 的规定。

14.2.11.9 高空作业车（包括绝缘型高空作业车、车载垂直升降机）应按 GB/T 9465 的规定进行试验、维护与保养。

14.2.12 纤维绳。

14.2.12.1 麻绳、纤维绳用作吊绳时，其许用应力不准大于 $0.98kN/cm^2$。用作绑扎绳时，许用应力应降低 50%。有霉烂、腐蚀、损伤者不准用于起重作业，纤维绳出现松股、散股、严重磨损、断股者禁止使用。

【解读】麻绳、纤维绳强度较低，磨损较快，受潮后又容易腐烂、老化，而且新旧麻绳、纤维绳强度变化较大，一般只用于辅助绳索，如传递零星物件等。所以，作吊绳使用时其许用应力不准大于 $0.98kN/cm^2$（$100kg/cm^2$）。

麻绳、纤维绳在起重作业中作为绑扎使用时，由于绳结摩擦损伤、重物的棱角切割等因素，其许用应力应降低 50%。

当麻绳、纤维绳出现霉烂、腐蚀、损伤时，许用应力将大大降低，故禁止用于起重作业；出现松股、散股、严重磨损、断股时说明绳索受过拉力损伤，故禁止使用。

14.2.12.2 纤维绳在潮湿状态下的允许荷重应减少一半，涂沥青的纤维绳应降低 20%使用。一般纤维绳禁止在机械驱动的情况下使用。

【解读】受潮后的纤维绳较易断裂，因此其使用荷载应降低 50%。涂沥青的纤维绳抗潮、防腐的性能较好，使用荷载仅需降低 10%～20%，由于机械驱动容易产生冲击负荷，为避免瞬间应力超过纤维绳能承受的许用应力，造成纤维绳的断裂，故一般纤维绳禁止在机械驱动的情况下使用，但可以承受较大和冲击荷载的特殊用途纤维绳除外。

14.2.12.3 切断绳索时，应先将预定切断的两边用软钢丝扎结，以免切断后绳索松散，断头应编结处理。

【解读】为防止绳索在使用中松散导致绳索的使用应力减小而发生事故，切断绳索前应预先将欲切断的两边用软钢丝扭结，绞制绳切断后断头应编结处理。在使用中发现绳索中间有因为磨损出现松股现象时应切断重新编结，以防止由于松散导致使用应力下降。

14.2.13 卸扣。

14.2.13.1 卸扣应是锻造的。且不准横向受力。

【解读】锻造的卸扣不易产生内应力，其抗拉、抗剪强度和弹性变形能力较强。卸扣设计允许拉力时都以顺向连接作为计算依据，同时卸扣受力薄弱部位是丝扣，卸扣如横向受力，将造成横销螺纹受拉力，此外，卸扣的弯环易产生变形而损坏，故不准横向受力。

14.2.13.2 卸扣的销子不准扣在活动性较大的索具内。

【解读】卸扣由弯环和横销（销子）组成，横销与绳索发生摩擦滚动，可能使横销旋转脱落而造成意外，故禁止扣在活动性较大的索具内。

14.2.13.3 不准使卸扣处于吊件的转角处。

【解读】卸扣用于起重索具连接时，主要承受纵向拉力，不准使用在吊件转角处使卸扣承受剪力。同时防止作业过程中，因处于边角处而造成的卸扣受力方向无法保证，使得卸扣的弯环变形，索具也易被夹断，从而使吊物捆扎松动发生坠落。

14.2.14 滑车及滑车组。

14.2.14.1 滑车及滑车组使用前应进行检查，发现有裂纹、轮沿破损等情况者，不准使用。滑车组使用中，两滑车滑轮中心间的最小距离不准小于表 20 的规定。

表20 滑车组两滑车滑轮中心最小允许距离

滑车起重量 t	1	5	10～20	32～50
滑轮中心最小允许距离 mm	700	900	1000	1200

【解读】使用前检查滑车的结构完好、转动灵活和正常，是为了避免滑车组受外力损伤而导致承重能力下降或绳索脱扣、损伤吊索等危险状况。要求两滑车滑轮中心距离满足要求，避免滑轮相互碰撞，同时保证牵引绳及滑车组受力均衡。

注：本规程表20滑车组两滑车滑轮中心最小允许距离采用DL 5009.2—2013《电力建设安全工作规程 第2部分：电力线路》中表3.4.2.3滑车组两滑车轴心最小允许距离。

14.2.14.2 滑车不准拴挂在不牢固的结构物上。线路作业中使用的滑车应有防止脱钩的保险装置，否则应采取封口措施。使用开门滑车时，应将开门勾环扣紧，防止绳索自动跑出。

【解读】滑车拴挂在不牢固的结构物上，易发生滑车坠落。

线路作业中使用的滑车应有防止脱钩的保险装置，挂钩的防脱钩保险装置，是防止滑车在使用过程中由于摆动或侧向受力脱钩。开门滑车在起重作业前，应指定人员检查开门勾环扣紧情况，起重作业中发现开门勾环松动，立即卸载处理。

14.2.14.3 拴挂固定滑车的桩或锚，应按土质不同情况加以计算，使之埋设牢固可靠。如使用的滑车可能着地，则应在滑车底下垫以木板，防止垃圾窜入滑车。

【解读】拴挂固定滑车的桩或锚，应按土质不同情况加以计算，从而避免桩、锚埋设无法满足所拴挂滑车所受的最大拉力，造成作业过程中意外脱出而发生人身伤害、设备损坏。滑车底下垫以木板，可保持滑车受力平衡，还避免垃圾等异物窜入滑车损伤滑车或钢丝绳索具，甚至造成人身伤害。

14.3　施工机具的保管、检查和试验。

14.3.1　施工机具应有专用库房存放,库房要经常保持干燥、通风。

14.3.2　施工机具应定期进行检查、维护、保养。施工机具的转动和传动部分应保持其润滑。

14.3.3　对不合格或应报废的机具应及时清理,不准与合格的混放。

【解读】对未经检验、存在缺陷或已损坏的机具,应与经检验合格允许使用的施工机具应分库或分区存放,防止施工作业时错用而造成人身伤害或设备事故。

14.3.4　起重机具的检查、试验要求应满足附录 N 的规定。

14.4　安全工器具的保管、使用、检查和试验。

14.4.1　安全工器具的保管。

14.4.1.1　安全工器具宜存放在温度为-15℃～+35℃、相对湿度为 80%以下、干燥通风的安全工器具室内。

【解读】安全工器具中有橡胶制品(绝缘手套和绝缘靴)和环氧树脂类工器具,为防止由于温度过高,橡胶制品出现乳化现象、温度过低出现脆化现象,规定安全工器具应在-15～+35℃温度下保管。安全工器具表面存在有细小的不平整,湿度过大容易出现结露导致表面泄漏电流过大。因此,规定安全工器具应在相对湿度为 80%以下、干燥通风的条件下保管。

14.4.1.2　安全工器具室内应配置适用的柜、架,不准存放不合格的安全工器具及其他物品。

【解读】安全工器具应按保管条件和工器具分类采用柜、架进行保管,如:乳胶类绝缘工器具应避免暴晒和接触高温,接触尖锐物造成损伤;梯子应采取防雨措施。

为防止施工作业时错用不合格的安全工器具,不合格的与合格的安全工器具及其他物品不应存放在一起。

14.4.1.3　携带型接地线宜存放在专用架上,架上的号码与接地线的号码应一致。

【解读】实行接地线的定置管理，可有效防止发生违章使用接地线的恶性误操作事故。还可提高安全工器具的管理水平。每组接地线应编号，存放在固定的地点，存放位置亦应编号，两者应一致，便于检查和核实，以掌握接地线的使用情况。同一存放处的接地线编号不得重复。

14.4.1.4 绝缘隔板和绝缘罩应存放在室内干燥、离地面 200mm 以上的架上或专用的柜内。使用前应擦净灰尘。如果表面有轻度擦伤，应涂绝缘漆处理。

【解读】绝缘隔板和绝缘罩属于绝缘类工器具，且使用中直接接触带电设备。为防止表面结露而产生沿面闪络，保管存放时应与地面保持足够的距离防止受潮。为防止表面积尘影响绝缘性能，使用前应擦净灰尘。出现表面有擦伤时，如不及时处理，损伤处就会积存导电介质，降低绝缘性能，故应涂绝缘漆进行处理。

14.4.1.5 绝缘工具在储存、运输时不准与酸、碱、油类和化学药品接触，并要防止阳光直射或雨淋。橡胶绝缘用具应放在避光的柜内，并撒上滑石粉。

【解读】酸、碱和化学药品都具有导电性能，为防止其与绝缘工器具接触后引起安全工器具沿面闪络。因此，储存与运输中不应与这些物品接触。油脂虽然不具备导电性能，但安全工器具沾上油脂后，接触灰尘后不易清除而出现沿面闪络。为防止阳光直射造成安全工器具老化和淋雨后安全工器具绝缘性能下降。安全工器具储存和运输中应避免日晒雨淋。用滑石粉能够防止橡胶类安全工器具发生粘连。

14.4.2 安全工器具的使用和检查。

14.4.2.1 安全工器具使用前的外观检查应包括绝缘部分有无裂纹、老化、绝缘层脱落、严重伤痕，固定连接部分有无松动、锈蚀、断裂等现象。对其绝缘部分的外观有疑问时应进行绝缘试验合格后方可使用。

14.4.2.2 绝缘操作杆、验电器和测量杆：允许使用电压应与设备电压等级相符。使用时，作业人员手不准越过护环或手持部分的界限。雨天在户外操作电气设备时，操作杆的绝缘部分应有防雨罩或使用带绝缘子的操作杆。使用时人体应与带电设备保持安全距离，并注意防止绝缘杆被人体或设备短接，以保持有效的绝缘长度。

14.4.2.3 携带型短路接地线：接地线的两端夹具应保证接地线与导体和接地装置都能接触良好、拆装方便，有足够的机械强度，并在大短路电流通过时不致松脱。携带型接地线使用前应检查是否完好，如发现绞线松股、断股、护套严重破损、夹具断裂松动等均不准使用。

【解读】携带型接地线导电性能对接地线的接地效果有直接影响，接地线与导线和接地端良好的接触，以及接地线与短路线、短路线与导线夹具、接地引下线以及与接地夹具之间的连接效果良好，即接触电阻小，装设接地线在导线所可能出现的残压小，能够更好保护作业人员的人身安全。

携带型接地线由多股软铜线组成，断丝、断股将减小接地线的有效导电面积。夹具断裂不能有效的夹紧导线，无法达到接地效果。出现以上现象不准使用。

14.4.2.4 绝缘隔板和绝缘罩：绝缘隔板和绝缘罩只允许在35kV及以下电压的电气设备上使用，并应有足够的绝缘和机械强度。用于10kV电压等级时，绝缘隔板的厚度不应小于3mm，用于35kV电压等级不应小于4mm。现场带电安放绝缘隔板及绝缘罩时，应戴绝缘手套、使用绝缘操作杆，必要时可用绝缘绳索将其固定。

【解读】在10kV和35kV设备停电检修时，特别是开关柜内设备检修，由于隔离开关（刀闸）电气间隙比较小，检修工作中可能触及隔离开关（刀闸）的机构，导致隔离开关（刀闸）误动作而导致检修部分带电。因此，采取在隔离开关（刀闸）空气间隙中放置绝缘隔板或绝缘罩以防止检修设备带电。绝缘隔板一般是水平放置，由于 10kV 开关柜宽度约为 0.8m、35kV 开关柜宽度约 1.2m，考虑到隔板强度，因此规定绝缘隔板的最小厚度要求。绝缘隔板有可能直接接触到带电部分，为防止安放绝缘隔板时泄漏电流伤人，因此操作时应戴绝缘手套、使用绝缘操作杆。为防止绝缘隔板脱落，必要时可用绝缘绳索将其固定。

14.4.2.5 安全帽：安全帽使用前，应检查帽壳、帽衬、帽箍、顶衬、下颏带等附件完好无损。使用时，应将下颏带系好，防止工作中前倾后仰或其他原因造成滑落。

【解读】详见 4.3.4 条。

14.4.2.6 安全带：腰带和保险带、绳应有足够的机械强度，材质应有耐磨性，卡环（钩）应具有保险装置，操作应灵活。保险带、绳使用长度在 3m 以上的应加缓冲器。

14.4.2.7 脚扣和登高板：金属部分变形和绳（带）损伤者禁止使用。特殊天气使用脚扣和登高板应采取防滑措施。

【解读】解读详见 9.2.2 条。

14.4.3 安全工器具试验。

14.4.3.1 各类安全工器具应经过国家规定的型式试验、出厂试验和使用中的周期性试验，并做好记录。

【解读】型式试验是为了验证产品能否满足技术规范的全部要求所进行的试验。出厂试验是检验产品的质量是否达到技术规范的要求。使用中的周期试验是检验安全工器具在现场使用后的安全性能，以及实际保管条件下安全工器具是否符合要求。

为保证现场使用的安全工器具符合安全标准，新购置的安全工器具使用前均应按周期性试验标准进行试验合格后方可使用。

14.4.3.2 应进行试验的安全工器具如下：

a）规程要求进行试验的安全工器具。

b) 新购置和自制的安全工器具。

c) 检修后或关键零部件经过更换的安全工器具。

d) 对安全工器具的机械、绝缘性能发生疑问或发现缺陷时。

14.4.3.3 安全工器具经试验合格后,应在不妨碍绝缘性能且醒目的部位粘贴合格证。

14.4.3.4 安全工器具的电气试验和机械试验可由各使用单位根据试验标准和周期进行,也可委托有资质的试验研究机构试验。

14.4.3.5 各类绝缘安全工器具试验项目、周期和要求见附录 L。

15 电 力 电 缆 工 作

15.1 电力电缆工作的基本要求。

15.1.1 工作前应详细核对电缆标志牌的名称与工作票所填写的相符，安全措施正确可靠后，方可开始工作。

【解读】工作前应详细查阅有关的路径图、排列图及隐蔽工程的图纸资料，应详细核对电缆名称、标志牌是否与工作票所写的相符，防止走错间隔。工作前还应检查需装设的接地线、标示牌、绝缘隔板及防火、防护措施正确可靠，并与工作票所列的工作内容、安全技术措施相符，经许可后方可进行工作。

15.1.2 填用电力电缆第一种工作票的工作应经调控人员许可。填用电力电缆第二种工作票的工作可不经调控人员许可。若进入变、配电站及发电厂工作，都应经运维人员许可。

【解读】使用电力电缆第二种工作票的电缆工作不涉及电力设备停电，可不经调度的许可，但应经变、配电站及发电厂当值运行人员许可方可进行工作。使用电力电缆第一种工作票或电力电缆第二种工作票进入变、配电站及发电厂进行工作，应增填工作票份数。

15.1.3 电力电缆设备的标志牌要与电网系统图、电缆走向图和电缆资料的名称一致。

【解读】电力电缆设备的标志牌与电网系统图、电缆走向图和电缆资料的名称要求保持一致的目的是为运行操作、维护以及调度管理等正确提供基本依据，如果各资料内容不一致，会造成管理混乱，甚至会造成误调度、误许可、误操作、误入有电间隔，从而造成人员伤亡、设备损坏事故。

15.1.4 变、配电站的钥匙与电力电缆附属设施的钥匙应专人严格保管，使用时要登记。

【解读】在日常的设备巡视、倒闸操作、检修许可、设备验收抢修等工作中会涉及使用变、配电站的钥匙与电力电缆附属设施的钥匙，但变、配电站与电力电缆附属设施内有高压电气设备，为了防止人员误入及偷盗、小动物进入等情况造成人身、设备事故，因此，变、配电站与电力电缆附属设施的钥匙应建立钥匙使用管理规定，其中包括使用人员权限、批准及借用办理相关手续和记录的要求。借用人员在工作后应及时归还钥匙。

15.2 电力电缆作业时的安全措施。

15.2.1 电缆施工的安全措施。

15.2.1.1 电缆直埋敷设施工前应先查清图纸，再开挖足够数量的样洞和样沟，摸清地下管线分布情况，以确定电缆敷设位置及确保不损坏运行电缆和其他地下管线。

【解读】施工前查看、核对图纸主要是为了确定电缆敷设位置和电缆敷设走向是否正确，开挖样洞和样沟是为了探明地下地质、地下建筑、地下管线的分布情况，做好开挖过程中的意外应急措施，确保施工中不损伤地下运行电缆和其他地下管线设施。

15.2.1.2 为防止损伤运行电缆或其他地下管线设施，在城市道路红线范围内不宜使用大型机械来开挖沟（槽），硬路面面层破碎可使用小型机械设备，但应加强监护，不准深入土层。若要使用大型机械设备时，应履行相应的报批手续。

【解读】城市道路红线范围内的地下管线分布密集，且大型机械挖掘不易控制，因此在城市道路红线范围内施工应避免使用大型机械，以防止损伤运行电缆及管线。对硬路路面的破碎，在安全措施可靠、监护到位的情况下可以使用破碎量小的小型机械设备；对于特殊情况必须使用大型机械或条件允许使用大型机械时，应制定好详细的方案措施，履行相应的报批手续，并加强现场安全技术交底和加强现场监护。

15.2.1.3 掘路施工应具备相应的交通组织方案,做好防止交通事故的安全措施。施工区域应用标准路栏等严格分隔,并有明显标记,夜间施工应佩戴反光标志,施工地点应加挂警示灯。

【解读】根据《城市道路管理条例》(国务院令第198号)第二十九条,依附于城市道路建设各种管线、杆线等设施的,应当经市政工程行政主管部门批准,方可建设;《城市道路管理条例》第三十一条,因特殊情况需要临时占用城市道路的,须经市政工程行政主管部门和公安交通管理部门批准,方可按照规定占用。

交通组织的目的在于提高施工效率和道路的有效利用率,减少施工对路面交通的影响。交通组织方案应首先满足安全性的要求,其次方可追求效益最大化,从交通、环境和投资等多方面综合权衡,因地制宜制定科学的交通组织方案。

施工地点需设置施工标志、护栏等,放置于路外易见处,并应面向驶来的车辆,充分固定,防止意外移动,并设置必要的限速和停车让行标志等交通标志。施工场地起始、中间和结束位置均应设置高亮度的黄色闪光灯,高度不低于1.2m,夜间施工时,所在路段每隔20m左右设红色警示灯。夜间施工人员应佩戴反光标志,防止交通伤亡事故。

15.2.1.4 在下水道、煤气管线、潮湿地、垃圾堆或有腐质物等附近挖沟(槽)时,应设监护人。在挖深超过2m的沟(槽)内工作时,应采取安全措施,如戴防毒面具、向坑中送风和持续检测等。监护人应密切注意挖沟(槽)人员,防止煤气、硫化氢等有毒气体中毒或沼气等可燃气体爆炸。

【解读】参照9.1.4条文解读。

15.2.1.5 沟(槽)开挖深度达到1.5m及以上时,应采取措施防止土层塌方。

【解读】沟(槽)开挖深度达到1.5m及以上时,发生土层塌方及造成人身伤害的可能性加大。为保证作业人员安全,应采取措施（钢板桩等）防止土层塌方，根据土壤类别，采取不同措施，宜分层开挖。

沟（槽）开挖时要注意土壁的稳定性，发现有裂缝及倾、坍可能时，人员要立即离开并及时处理。

15.2.1.6 沟（槽）开挖时，应将路面铺设材料和泥土分别堆置，堆置处和沟（槽）之间应保留通道供施工人员正常行走。在堆置物堆起的斜坡上不得放置工具材料等器物。

【解读】如果路面铺设材料和泥土混合堆置，可能造成铺设材料与泥土一块回填，并影响施工材料的运输与清理。

在沟（槽）的槽边没有保留施工人员正常行走通道，施工人员行走时可能因堆放物原因摔倒至沟（槽）内，堆置物也可能滑落到沟（槽）内，施工人员容易受到伤害。堆土靠近沟（槽）边而没有留通道，遇风吹、雨冲或其他振动，堆土易溜入沟（槽）内，影响施工操作，影响工程质量。

在堆置物堆起的斜坡上放置工具材料等器物，容易造成工具材料等器物滑入沟（槽）内，伤及施工人员或损伤电缆。

15.2.1.7 挖到电缆保护板后，应由有经验的人员在场指导，方可继续进行。

【解读】挖掘施工中一旦发现挖到电缆保护板的情况，如继续挖掘容易造成电缆保护板损坏，从而使电缆保护板下的电缆失去一层物理保护而受到损伤。因此，遇到这种情况时应由有经验的人员在场把关指导，方可继续工作，且应用铁锹人工挖掘方法小心地进行，切忌用镐头或机械挖掘，以防误伤电缆。

15.2.1.8 挖掘出的电缆或接头盒，如下面需要挖空时，应采取悬吊保护措施。电缆悬吊应每 1m～1.5m 吊一道；接头盒悬吊应平放，不准使接头盒受到拉力；若电缆接头无保护盒，则应在该接头下垫上加宽加长木板，方可悬吊。电缆悬吊时，不准用铁丝或钢丝等。

【解读】对电缆或接头盒的下面挖空而不采取悬吊保护措施，会造成电缆或接头盒两端电缆受力弯曲，使电缆绝缘层、电缆接头受到损伤而引发电缆故障。

电缆悬吊保护措施应每隔 1～1.5m 吊一道，如果悬吊间隔宽度过大，容易造成电缆受力过度弯曲而损伤电缆。

接头盒悬吊时应平放、不准接头盒受到拉力；若电缆接头无保护盒，则悬吊时应在该接头下垫上加宽加长木板，可防止电缆接头受力弯曲导致绝缘损伤从而引发电缆故障。

电缆悬吊时，如使用铁丝、钢丝等细金属物，容易造成电缆护层割伤或破坏电缆绝缘。

15.2.1.9 移动电缆接头一般应停电进行。如必须带电移动，应先调查该电缆的历史记录，由有经验的施工人员，在专人统一指挥下，平正移动。

【解读】电缆接头是电缆最易损坏和不能承受拉力的部位，移动电缆接头容易导致电缆折损或接头处绝缘损坏。所以移动电缆接头的工作，一般应停电进行。

如果必须带电移动电缆接头，应做好前期准备和分析工作，包括查看电缆历年运行试验记录，了解运行时间、检修试验情况、电缆接头的制作时间和材料、制作工艺等情况。通过查看相关记录，了解运行工况，分析、判断是否可以搬动及可能导致的后果，并制定防止电缆接头损坏、电缆绝缘损坏的安全措施。如电缆绝缘老化或运行年代已久远、电缆头渗漏油明显、存在绝缘缺陷时，应禁止做带电移动。

为防止移动电缆接头中电缆受力弯曲、接头受力不均导致电缆绝缘损坏，造成设备故障、人身伤害，在移动电缆接头时应在专人指挥下由有经验的工作人员进行平正移动。

15.2.1.10 开断电缆以前，应与电缆走向图图纸核对相符，并使用专用仪器（如感应法）确切证实电缆无电后，用接地的带绝缘柄的铁钎钉入电缆芯后，方可工作。扶绝缘柄的人应戴绝缘手套并站在绝缘垫上，并采取防灼伤措施（如防护面具等）。使用远控电缆割刀开断电缆时，刀头应可靠接地，周边其他施工人员应临时撤离，远控操作人员应与刀头保持足够的安全距离，防止弧光和跨步电压伤人。

【解读】因开断电缆存在误开断电缆、带电开断电缆等危险，工作中应采取有效的针对性措施：

开断电缆之前，应先检查现场电缆与电缆走向图是否相符，必要时从电缆端头处沿线查对至开断电缆点处并做好标记。

使用专用仪器对待开断电缆进行确认，仪器应经过测量校准，确保其准确良好。经测量判断证明电缆芯确无电压后，才可进行下一步工作。

接地并放电。操作时，用接地的带绝缘柄的铁钎钉入电缆芯，使电缆导电部分接地，放尽剩余电荷。为保证扶绝缘柄作业人员的安全，要求扶绝缘柄者应戴绝缘手套并站在绝缘垫上，采取戴防护面具等防灼伤措施后方可进行工作。

使用专用仪器（感应法）是采用电缆探测仪，将测量耦合钳夹住待测电缆，发射机通过耦合钳在目标电缆上产生耦合信号，探测运行电缆的 50Hz 频率信号，以区分带电电缆及不带电电缆。

为防止误开断带电电缆造成人身伤害，使用远控电缆割刀开断电缆前，应通知电缆开断点周边其他施工人员临时撤离现场，并检查、确认人员全部撤离到安全区域。同时，操作人员还应检查、确认电缆割刀（刀头）已可靠接地。开断电缆时，操作人员应与电缆割刀（刀头）保持足够的安全距离，防止弧光和跨步电压伤人。

15.2.1.11 开启电缆井井盖、电缆沟盖板及电缆隧道人孔盖时应使用专用工具，同时注意所立位置，以免坠落。开启后应设置标准路栏围起，并有人看守。作业人员撤离电缆井或隧道后，应立即将井盖盖好。

【解读】因电缆井井盖、电缆沟盖板及电缆隧道人孔盖比较沉重,使用专用工具是为了开启作业方便,同时也为保证人员站立开启盖板,防止开启过程中电缆井井盖、电缆沟盖板及电缆隧道人孔盖掉落井内、电缆沟、隧道内而损坏电缆、其他管线或开启人员不慎跌落井内。

打开电缆井井盖或电缆沟盖板时,应做好防止交通事故的措施。井的四周应布置好围栏,做好明显的警告标志,并且设置阻挡车辆误入的障碍。夜间,电缆井应有照明,防止行人或车辆落入井内。

15.2.1.12 电缆隧道应有充足的照明,并有防火、防水、通风的措施。电缆井内工作时,禁止只打开一只井盖(单眼井除外)。进入电缆井、电缆隧道前,应先用吹风机排除浊气,再用气体检测仪检查井内或隧道内的易燃易爆及有毒气体的含量是否超标,并做好记录。电缆沟的盖板开启后,应自然通风一段时间,经测试合格后方可下井工作。电缆井、隧道内工作时,通风设备应保持常开。在电缆隧(沟)道内巡视时,作业人员应携带便携式气体测试仪,通风不良时还应携带正压式空气呼吸器。

【解读】为确保在电缆隧道内巡视、检修、抢修等作业人员的安全,电缆隧道内应有充足的照明、防火隔离、隧道壁涂刷防水浆、通风设施等措施。

电缆井、电缆隧道工作环境比较复杂,同时又是一个相对密闭的空间,容易聚集易燃易爆及有毒气体。使用通风设备可排除浊气,降低易燃易爆及有毒气体的含量。气体检测仪是检测井下易燃易爆及有毒气体含量的专用仪器。

在电缆井内工作时,应打开两个及以上井盖,以保证井下空气流通。

在电缆隧(沟)道内巡视时,为避免中毒及氧气不足,作业人员应携带便携式气体测试仪，电缆隧（沟）道内通风条件不良时，作业人员还应携带（使用）正压式空气呼吸器。佩戴使用中，应随时观察正压式空气呼吸器压力表的指示值，听到正压式空气呼吸器发出报警信号后及时撤离现场。一旦进入电缆隧（沟）道内，呼吸器不应取下，直到离开电缆隧（沟）道后。

15.2.1.13 充油电缆施工应做好电缆油的收集工作，对散落在地面上的电缆油要立即覆上黄沙或砂土，及时清除。

【解读】充油电缆油散落地面，造成环境污染，且容易造成人员滑倒或车辆打滑失控，甚至可能引发火灾，因此要做好电缆油的收集工作。

15.2.1.14 在 10kV 跌落式熔断器与 10kV 电缆头之间，宜加装过渡连接装置，使工作时能与跌落式熔断器上桩头有电部分保持安全距离。在 10kV 跌落式熔断器上桩头有电的情况下，未采取安全措施前，不准在熔断器下桩头新装、调换电缆尾线或吊装、搭接电缆终端头。如必须进行上述工作，则应采用专用绝缘罩隔离，在下桩头加装接地线。作业人员站在低位，伸手不准超过跌落式熔断器下桩头，并设专人监护。

上述加绝缘罩的工作应使用绝缘工具。雨天禁止进行以上工作。

【解读】10kV 跌落式熔断器上桩头与下桩头之间距离较近，加装过渡连接装置可方便装设接地线和增大熔断器上桩头与电缆头之间的距离，使工作时能与跌落式熔断器上桩头有电部分保持安全距离。

采用在上桩头带电部位加装专用绝缘罩使其与下桩头隔离，并在下桩头加装接地线，以防因安全距离不足发生危险。

作业人员站在低位，伸手不得超过跌落式熔断器下桩头并设专人监护是为了防止作业人员工作中动作幅度过大，触及跌落式熔断器带电的上桩头而发生触电伤害。

雨天环境下，绝缘罩绝缘性能下降，因此禁止进行以上工作。

15.2.1.15 使用携带型火炉或喷灯时，火焰与带电部分的距离：电压在 10kV 及以下者，不准小于 1.5m；电压在 10kV 以上者，不准小于 3m。不准在带电导线、带电设备、变压器、油断路器（开关）附近以及在电缆夹层、隧道、沟洞内对火炉或喷灯加油及点火。在电缆沟盖板上或旁边进行动火工作时需采取必要的防火措施。

【解读】由于火焰导电，因此火焰应与带电部分保持安全距离。火炉或喷灯在点火时由于燃烧不稳定，会产生大量浓烟（游离气体导电），所以不能直接在带电导线、带电设备、变压器、油断路器（开关）附近以及在电缆夹层、隧道、沟洞内对火炉或喷灯加油及点火，否则容易造成设备闪络、火灾或在狭窄空间内由于浓烟过大造成人员窒息。因此应先选择相对安全的地方点火，待火焰调整正常后，再移至带电设备附近使用。

电缆沟内敷设有大量的一、二次电缆，且沟内容易聚集易燃易爆的气体，为保证在电缆沟盖板上或旁边动火工作安全，应采取在现场放置防火石棉布和适量灭火器材等措施，防止火星掉落电缆沟内造成电缆损坏或火灾事故。

15.2.1.16 制作环氧树脂电缆头和调配环氧树脂工作过程中，应采取有效的防毒和防火措施。

【解读】环氧树脂及环氧树脂胶粘剂本身无毒，但由于在制作过程中添加了溶剂，故存在毒性。目前大多数环氧树脂涂料为溶剂型涂料，含有大量的可挥发有机化合物（VOC），有毒、易燃，对环境和人体造成危害。所以在环氧树脂电缆头的制备过程中，要烘干石英粉时，应戴口罩。配制环氧树脂胶，应戴防护眼镜和医用手套，施工现场应通风良好，操作者应站在上风处工作。当皮肤接触胺固化剂时，应立即用水冲洗或用酒精擦净，再用水洗。如发现头晕或疲劳时，应立即离开操作地方，到室外呼吸新鲜空气。另外，由于环氧树脂挥发出的气体是易燃的，工作前应做好防火措施。工作场所应通风，禁止明火。

15.2.1.17 电缆施工完成后应将穿越过的孔洞进行封堵。

【解读】对电缆孔洞封堵应采用阻燃材料填塞，并在穿墙电缆上涂刷防火涂料。封堵的方式根据穿越的孔洞不同而采取不同的措施。封堵常用材料有软性有机堵料（俗称防火胶泥）、凝固无机堵料、防火沙包等。

15.2.1.18 非开挖施工的安全措施：

    a) 采用非开挖技术施工前，应首先探明地下各种管线及设施的相对位置。

    b) 非开挖的通道，应离开地下各种管线及设施足够的安全距离。

    c) 通道形成的同时，应及时对施工的区域进行灌浆等措施，防止路基的沉降。

【解读】非开挖技术是指通过导向、定向钻进等手段，在地表极小部分开挖的情况下（一般指入口和出口小面积开挖），敷设、更换和修复各种地下管线的施工新技术，对地表干扰小。主要包括水平定向钻进、顶管、微型隧道、爆管、冲击等技术方法。

与开挖施工相比，如措施不当，非开挖施工更加容易破坏地下的电力、通信、自来水等各种管线以及造成地面塌陷。因此，要求施工前，根据工程所能提供的工程现场地下管网资料，对现场地下管网进行复查，准确掌握地下各种管线和其他基础设施的分布及埋深，为导向孔轨迹提供准确的设计依据。

15.2.2 电力电缆线路试验安全措施。

15.2.2.1 电力电缆试验要拆除接地线时，应征得工作许可人的许可（根据调控人员指令装设的接地线，应征得调控人员的许可），方可进行。工作完毕后立即恢复。

【解读】在电力电缆试验工作中需要拆除全部或一部分接地

线后才能进行。如测量相对地绝缘、测量母线和电缆的绝缘电阻等需拆除接地线。拆除接地线会改变原有的安全措施，容易造成人员受感应电或突然来电的伤害，因此，拆除接地线应征得工作许可人的许可（根据调度人员指令装设的接地线，应征得调度人员的许可）。

当试验工作完毕后，应立即恢复被拆除的接地线，确保安全措施的完整性。

15.2.2.2 电缆耐压试验前，加压端应做好安全措施，防止人员误入试验场所。另一端应设置围栏并挂上警告标示牌。如另一端是上杆的或是锯断电缆处，应派人看守。

【解读】试验加压前通知有关人员离开被试设备，试验现场应装设封闭式的遮栏或围栏，向外悬挂"止步，高压危险!"标示牌，尤其是电缆的另一端也应派人看守，防止人员误入触电。试验过程中应保持电缆两端人员通信畅通。

15.2.2.3 电缆耐压试验前，应先对设备充分放电。

【解读】电力电缆的电容量很大，即使停电后剩余电荷的能量还比较大，如果未将剩余电荷放尽就进行绝缘电阻试验，一是可能造成接线人员触电受伤，二是充电电流与吸收电流会比第一次减小，这样就会出现绝缘电阻虚假增大和吸收比减小的现象。因此，电缆耐压试验前，应先对设备充分放电。

15.2.2.4 电缆的试验过程中，更换试验引线时，应先对设备充分放电，作业人员应戴好绝缘手套。

【解读】电力电缆试验过程中电缆被加压，会储存大量的电能。为防止人员触电及确保下一项试验的准确性，试验过程中须进入试验场更换试验引线时，在断电后应首先用专用放电棒，将被试电缆充分对地放电，并验明无电。放电及更换引线时，作业人员应戴好绝缘手套，防止被电击。

15.2.2.5 电缆耐压试验分相进行时，另两相电缆应接地。

【解读】电缆三相一起进行耐压试验只能反映 A、B、C 三相对电缆外皮和对地的绝缘情况，并不能反映出 A 和 B 之间、B 和 C 之间、A 和 C 之间的绝缘情况。而相对地是相电压，相间是线电压，线电压是相电压的 $\sqrt{3}$ 倍，相间绝缘比相对地绝缘更重要，因而电缆耐压试验要分相进行。

每试一相时，应将另外两相接地。分相屏蔽型电缆也应将未试相接地。否则因试验电压较高，未试相产生的感应电压将会危及人身安全。

15.2.2.6　电缆试验结束，应对被试电缆进行充分放电，并在被试电缆上加装临时接地线，待电缆尾线接通后才可拆除。

【解读】电缆具有一定的电容量。电缆试验结束，会在电缆上残留剩余电荷，电缆越长，电荷越多。如果不充分放电，容易对人员和设备的安全造成威胁。电缆在每次做耐压试验后，应通过放电棒放电，充分放电后，再用临时接地线接地。

加装临时接地线是防止突然来电或感应电等对人员造成伤害，只有待电缆尾线接通后，才可拆除该电缆上的临时接地线，以确保作业人员安全。

15.2.2.7　电缆故障声测定点时，禁止直接用手触摸电缆外皮或冒烟小洞。

【解读】电力电缆故障经初测后，一般应经声测法在地面上进行精确定点。声测法定点试验是利用高压直流设备经电容器充电后，通过球间隙向故障点放电，并在故障点附近用拾音器来确定故障点准确位置。

电缆故障声测定点过程中存在试验电压，所以不能直接用手触摸电缆外皮或冒烟小洞，以免触电、灼伤。

16 一般安全措施

16.1 一般注意事项。

16.1.1 所有升降口、大小孔洞、楼梯和平台，应装设不低于 1050mm 高的栏杆和不低于 100mm 高的护板。如在检修期间需将栏杆拆除时，应装设临时遮栏，并在检修结束时将栏杆立即装回。临时遮栏应由上、下两道横杆及栏杆柱组成。上杆离地高度为 1050mm～1200mm，下杆离地高度为 500mm～600mm，并在栏杆下边设置严密固定的高度不低于 180mm 的挡脚板。原有高度在 1000mm 的栏杆可不作改动。

【解读】防护栏杆上杆离地的高度规定为 1050mm，是根据人体重心的位置而定的，当作业人员站在栏杆边缘时，能保持人体重心在栏杆内。在检修（施工）过程中因作业需要而产生的没有围护设施，应设置由双层横杆和挡脚板组成的临时遮栏，临时遮栏的防护栏杆应固定设置，能经受 1000N 外力的冲击，高空临边地面处应设置高 180mm 的挡脚板；临时遮栏可设置成拆装式或活动式。老、旧设施，考虑其安全、经济性，栏杆高度为 1000mm 的可不作改动。

16.1.2 电缆线路，在进入电缆工井、控制柜、开关柜等处的电缆孔洞，应用防火材料严密封闭。

【解读】电缆遇故障发热或外源明火着火，将沿电缆延伸燃烧，并散发有毒烟雾。使用有机耐火堵料充填作严密封堵时，应包括穿管电缆与管口处缝隙的封堵。

16.1.3 特种设备［锅炉、压力容器（含气瓶）、压力管道、电梯、起重机械、场（厂）内专用机动车辆］，在使用前应经特种设备检验检测机构检验合格，取得合格证并制定安全使用规定和定期检验维护制度。同时，在投入使用前或者投入使用后 30 日内，使用单位应当向直辖市或者设有区的市级特种设备安全监督管理部门登记。

【解读】依据《国务院关于修改〈特种设备安全监察条例〉的决定》（中华人民共和国国务院令第 549 号）及《特种设备安全监察条例》（自 2009 年 5 月 1 日起施行）第一、三、四章相关使用、检验规定的内容制定。特种设备的定义依据国家《特种设备安全监察条例》之规定做相应修改。

16.1.4 在带电设备周围禁止使用钢卷尺、皮卷尺和线尺（夹有金属丝者）进行测量工作。

【解读】避免测量过程中因工具的金属导电部分与带电设备距离过小或直接触及带电部分，引起放电伤及人身。

16.1.5 在户外变电站和高压室内搬动梯子、管子等长物，应两人放倒搬运，并与带电部分保持足够的安全距离。

【解读】防止梯子、管子等长物在搬运过程中由于稳定性、控制性较差极易误碰带电设备或不能和带电部分保持足够的安全距离，进而造成人身伤害、设备损坏。

16.1.6 在变、配电站（开关站）的带电区域内或邻近带电线路处，禁止使用金属梯子。

【解读】防止金属梯子在使用过程中，因与带电部分的安全距离不够而产生感应电、放电或直接触及带电部分，伤及人身。

16.2 设备的维护。

16.2.1 机器的转动部分应装有防护罩或其他防护设备（如栅栏），露出的轴端应设有护盖，以防绞卷衣服。禁止在机器转动时，从联轴器（靠背轮）和齿轮上取下防护罩或其他防护设备。

【解读】机械设备的转动部分（如：轴端、齿轮、靠背轮，冲、剪、压、切等设备的旋转传动部位）应装有护盖、防护罩或防护栅栏，以防运行时触及转动部分，绞卷手指和衣服。机器转动时，禁止从联轴器（靠背轮）和齿轮上取下防护罩或其他防护设备，以免造成人身伤害。

16.2.2 杆塔等的固定爬梯，应牢固可靠。高百米以上的爬梯，中间应设有休息的平台，并应定期进行检查和维护。上爬梯应逐档检查爬梯是否牢固，上下爬梯应抓牢，两手不准抓一个梯阶。垂直爬梯宜设置人员上下作业的防坠安全自锁装置或速差自控器，并制定相应的使用管理规定。

【解读】杆塔等固定的爬梯，可能存在锈蚀、松动等缺陷。在攀登过程中，应检查每个梯阶是否牢固，两只手不可同时抓住一个梯阶，以防所抓的梯阶存在缺陷，登梯者发生意外坠落。与地面夹角为 75°～90°（GB 4053.1—2009《固定式钢梯及平台安全要求 第 1 部分：钢直梯 3.1》）的梯段高度超过 3m 时宜设护笼，护笼下端距基准面为 2.5～3m，上端高出的基准面应与规定的护栏高度一致，保障人员上下时，不会因后倾失去平衡而造成意外。垂直爬梯设置防坠安全自锁装置或速差自控器，是为了一旦发生高处坠落事故时，防坠安全自锁装置或速差自控器保护功能启动，起到保护人身安全的作用。

16.3 一般电气安全注意事项。

16.3.1 所有电气设备的金属外壳均应有良好的接地装置。使用中不准将接地装置拆除或对其进行任何工作。

【解读】当电气绝缘失效发生漏电或存在感应电时，接地良好的金属外壳能保持地电位，有效防止人身伤害。如果在使用中将接地装置拆除，将使该电气设备的金属外壳失去接地保护，或在使用中对其接地装置进行任何工作时，一旦发生外壳带电，将造成人员触电。

16.3.2 手持电动工器具如有绝缘损坏、电源线护套破裂、保护线脱落、插头插座裂开或有损于安全的机械损伤等故障时，应立即进行修理，在未修复前，不准继续使用。

【解读】出现本条所述情况时，极易造成漏电、短路和机械伤害，进而造成人身伤害。

16.3.3 遇有电气设备着火时，应立即将有关设备的电源切断。然后进行救火。消防器材的配备、使用、维护，消防通道的配置等应遵守 DL 5027 的规定。

【解读】电气设备着火应首先切除电源，避免事故扩大以及在抢险过程中造成不必要的人身伤害。切断低压线路时应先断开相线，后断开零线。切除高压电源时应用断路器（开关）切断电源，不能用隔离开关（刀闸）切断负荷。

根据国家对火灾种类的分类，物体带电的燃烧称为 E 类火灾（带电火灾）。GB 50140—2005《建筑灭火器配置设计规范》4.2.5 规定："E 类火灾场所应选择磷酸铵盐干粉灭火器、碳酸氢钠干粉灭火器、卤代烷灭火器或二氧化碳灭火器，但不得选用装有金属喇叭喷筒的二氧化碳灭火器。结合 DL 5027—2015《电力设备典型消防规程》的规定，灭火时对可能带电的电气设备以及发电机、电动机等，应使用干式灭火器、二氧化碳灭火器灭火；对油开关、变压器（已隔绝电源）可使用干式灭火器等灭火，不能扑灭时再用泡沫式灭火器灭火，不得已时可用干砂灭火；地面上的绝缘油着火，应用干砂灭火；扑救可能产生有毒气体的火灾（如电缆着火等）时，扑救人员应使用正压式消防空气呼吸器。

16.3.4 工作场所的照明，应该保证足够的亮度，夜间作业应有充足的照明。

16.3.5 检修动力电源箱的支路开关都应加装剩余电流动作保护器（漏电保护器）并应定期检查和试验。

【解读】对电源支路开关增加一道保护，达到双重保护的目的。

GB 13955—2005《剩余电流动作保护装置安装和运行》7.2 条规定："剩余电流动作保护装置投入运行后，必须定期操作试验按钮，检查其动作特性是否正常。雷击活动期和用电高峰期应增加试验次数。"

这里指常规试验，而不是特性试验。

16.4 工具的使用。

16.4.1 一般工具。

16.4.1.1 使用工具前应进行检查，机具应按其出厂说明书和铭牌的规定使用，不准使用已变形、已破损或有故障的机具。

【解读】使用前检查，确保工具在良好状态下使用。机具应按其出厂说明书和铭牌的规定使用，以避免错误操作；或超出铭牌的参数规定使用，造成设备、人身伤害的发生。

16.4.1.2 大锤和手锤的锤头应完整，其表面应光滑微凸，不准有歪斜、缺口、凹入及裂纹等情形。大锤及手锤的柄应用整根的硬木制成，不准用大木料劈开制作，也不能用其他材料替代，应装得十分牢固，并将头部用楔栓固定。锤把上不可有油污。禁止戴手套或单手抡大锤，周围不准有人靠近。在狭窄区域，使用大锤时应注意周围环境，避免反击力伤人。

16.4.1.3 用凿子凿坚硬或脆性物体时（如生铁、生铜、水泥等），应戴防护眼镜，必要时装设安全遮栏，以防碎片打伤旁人。凿子被锤击部分有伤痕不平整、沾有油污等，不准使用。

【解读】坚硬或脆性物体（如生铁、生铜、水泥等）被凿子凿时极易形成碎片、碎块，为防止碎片、碎块伤目应戴防护眼镜。同时，必要时应装设安全遮栏，以防碎片击伤旁人。

凿子被锤击部分有伤痕不平整、沾有油污等时，大锤、手锤锤击凿子时极易击偏，造成本人或他人伤害。

16.4.1.4 锉刀、手锯、木钻、螺丝刀等的手柄应安装牢固，没有手柄的不准使用。

16.4.1.5 使用钻床时，应将工件设置牢固后，方可开始工作。清除钻孔内金属碎屑时，应先停止钻头的转动。禁止用手直接清除铁屑。使用钻床时不准戴手套。

【解读】使用钻床时，应将工件设置牢固，防止松动的工件在钻头向下旋转时发生偏转、振动，甚至工件飞出，造成人身伤害。

在钻头转动的情况下若用手清理铁屑，手部将会被钻头绞伤。因此，应先停止钻头的转动，然后才能进行清理。钻头钻下来的铁屑很锋利，如果直接用手去清理，很容易把手割破。

钻床是高速旋转的钻孔工具，钻头上有螺纹刀刃，戴手套使用钻床，手套可能被钻头绞住，导致使用人受到伤害。

16.4.1.6　使用锯床时，工件应夹牢，长的工件两头应垫牢，并防止工件锯断时伤人。

【解读】夹牢工件是为了安全、方便使用。长的工件两头应用专用设备或临时支持物垫牢。当工件即将被锯断时应降低锯床的运行速度，防止工件锯断时伤人。

16.4.1.7　使用射钉枪、压接枪等爆发性工具时，除严格遵守说明书的规定外，还应遵守爆破的有关规定。

【解读】射钉枪有气动式（利用压缩空气作动力）、爆燃式（利用发射空包弹产生的火药燃气作为动力）和电动式（利用电磁场原理吸动杠杆射出射钉）三种。

压接枪有电动式、液压式等。压接的原理是：当使用专用压接工具对导线和压接端子施加足够压力时，端子与导线的两种基体金属紧密接触，此时压接区域的温度升高，并产生扩散现象，在两个压接零件接触面之间形成合金层，使两个压接零件牢固结合成为一个整体，形成了可靠的电气连接。

由于射钉枪的瞬间爆发力和压接枪的高强度挤压力，使用时除严格遵守说明书的规定外，还应遵守 GB 6722—2014《爆破安全规程》和 GB 3787—2006《手持式电动工具的管理、使用、检查和维修安全技术规程》等规程、规定。

16.4.1.8　砂轮应进行定期检查。砂轮应无裂纹及其他不良情况。砂轮应装有用钢板制成的防护罩，其强度应保证当砂轮碎裂时挡住碎块。防护罩至少要把砂轮的上半部罩住。禁止使用没有防护罩的砂轮（特殊工作需要的手提式小型砂轮除外）。砂轮机的安全罩应完整。

应经常调节防护罩的可调护板，使可调护板和砂轮间的距离不大于 1.6mm。

应随时调节工件托架以补偿砂轮的磨损，使工件托架和砂轮间的距离不大于 2mm。

使用砂轮研磨时，应戴防护眼镜或装设防护玻璃。用砂轮磨工具时应使火星向下。禁止用砂轮的侧面研磨。

无齿锯应符合上述各项规定。使用时操作人员应站在锯片的侧面，锯片应缓慢地靠近被锯物件，不准用力过猛。

【解读】JB/T 8799—1998《砂轮机　安全防护技术条件》明确指出：砂轮是高速旋转的打磨工具，其自身虽有相应的强度，但砂轮材料是脆性材料。如果砂轮在有缺陷的情况下高速转动，受离心力的作用，将会碎裂甩出，造成人员伤害。因此，规定了砂轮应进行定期检查。砂轮应无裂纹及其他不良情况。

砂轮防护罩应具有一定的强度和符合防护要求的外形尺寸，其作用是砂轮碎裂时可挡住碎块。

可调护板与砂轮间的距离越小，越利于防止碎屑喷射伤人。

调节工件托架以补偿砂轮的磨损，其目的是防止工件托架和砂轮间的距离过大，从而使工件卡入，造成设备、人身伤害事故。

使用砂轮研磨时，应戴防护眼镜或装设防护玻璃，其目的是防止砂屑溅入眼睛伤目。

用砂轮磨工具时应使火星向下，一是防火灾，二是防人身伤害。

不准用砂轮的侧面研磨，主要是防止侧面受力使砂轮破碎后伤及人员。

无齿锯和砂轮的使用安全要求基本一样，因此，无齿锯应符合本条所述砂轮的各项规定。使用时操作人员应站在锯片的侧面，锯片应缓慢地靠近被锯物件，不准用力过猛。一是防止碎屑溅入眼睛伤目，二是防止锯片断裂损坏设备及造成人身伤害事故。

16.4.2 电气工具和用具。

16.4.2.1 电气工具和用具应由专人保管，每 6 个月应由电气试验单位进行定期检查；使用前应检查电线是否完好，有无接地线；不合格的禁止使用；使用时应按有关规定接好剩余电流动作保护器（漏电保护器）和接地线；使用中发生故障，应立即修复。

【解读】专人负责便于电气工具的日常维护、管理。

按 GB/T 3787—2006《手持式电动工具的管理、使用、检查和维修安全技术规程》规定的每年不少于一次的检查要求，结合公司工作实际，工器具校验周期定为每 6 个月进行定期检查。

定期检查的主要内容包括：

（1）外壳、手柄有否有裂缝和破损。

（2）保护接地或接零线连接是否正确、牢固可靠。

（3）软电缆或软线是否完好无损。

（4）插头是否完整无损。

（5）开关动作是否正常、灵活，有无缺陷、破裂。

（6）绝缘电阻是否符合规定值。

（7）电气保护装置是否良好。

（8）机械防护装置是否完好。

（9）工具转动部分是否转动灵活无障碍。

（10）是否有产品认证标志及定期检查合格标志。

使用电气工具、用具前，应检查电线是否完好，有无接地线，使用时在其电源上装设剩余电流动作保护器（漏电保护器）和接地线，对防止工作人员触电是有效的技术措施。此外，电气工具以及剩余电流动作保护器（漏电保护器）、接地线等发生故障时，应立即停止使用，同时找专业人员修理好以后再使用，以防因电气工具漏电造成使用人员触电伤害。

16.4.2.2 使用金属外壳的电气工具时应戴绝缘手套。

【解读】戴绝缘手套是为了防止电气工具内部绝缘损伤造成的金属外壳带电伤人。

16.4.2.3 使用电气工具时，禁止提着电气工具的导线或转动部分。在梯子上使用电气工具，应做好防止感电坠落的安全措施。在使用电气工具工作中，因故离开工作场所或暂时停止工作以及遇到临时停电时，应立即切断电源。

【解读】不准提着电气工具的导线或转动部分，是为了防止导线和电气工具的连接部位脱落或绝缘损坏，或误碰开关而意外转动导致伤及人身、设备。

切断电源是为了防止因故离开工作场所或暂时停止工作以及遇到临时停电时，突然来电或他人误碰开关而造成电气工具转动，造成人身伤害、设备损坏。

16.4.2.4 电动的工具、机具应接地或接零良好。

【解读】保护接地（一般用于中性点不接地的系统中）和保护接零（一般用于中性点直接接地的系统中）都是保护人身安全的技术措施。保护接地就是限制对地电压的作用；保护接零主要是使相线对零线短路，使相线上的保护装置动作。

16.4.2.5 电气工具和用具的电线不准接触热体，不要放在湿地上，并避免载重车辆和重物压在电线上。

【解读】电线的绝缘物质经受超过允许的温度值，被烧坏而失去绝缘性能，将会发生人身触电或接地、短路故障；绝缘受潮以后，性能降低，也会发生接地、短路故障。

载重车辆和重物压在电线上，易造成电线断裂或绝缘破损。

16.4.2.6 移动式电动机械和手持电动工具的单相电源线应使用三芯软橡胶电缆；三相电源线在三相四线制系统中应使用四芯软橡胶电缆，在三相五线制系统中宜使用五芯软橡胶电缆。连接电动机械及电动工具的电气回路应单独设开关或插座，并装设剩余电流动作保护器（漏电保护器），金属外壳应接地；电动工具应做到"一机一闸一保护"。

【解读】依据 JGJ 46—2005《施工现场临时用电安全技术规范》，电动工具应做到"一机一闸一保护"（一个电气回路中应装有一把闸刀、一个漏电保护器且只能使用一台电动工具），其目的是防止人身伤害事故。

剩余电流动作保护器（漏电保护器）的使用应符合 GB 13955—2005《剩余电流动作保护装置安装和运行》的规定。

总配电箱中剩余电流动作保护器（漏电保护器）的额定漏电动作电流应大于 30mA，额定漏电动作时间应大于 0.1s，但其额定漏电动作电流与额定漏电动作时间的乘积不应大于 30mA·s。

开关箱中剩余电流动作保护器（漏电保护器）的额定漏电动作电流不应大于 30mA，额定漏电动作时间不应大于 0.1s。

使用于潮湿或有腐蚀介质场所的剩余电流动作保护器（漏电保护器）应采用防溅型产品，其额定漏电动作电流不应大于 15mA，额定漏电动作时间不应大于 0.1s。

16.4.2.7 长期停用或新领用的电动工具应用 500V 的绝缘电阻表测量其绝缘电阻，如带电部件与外壳之间的绝缘电阻值达不到 2MΩ，应进行维修处理。对正常使用的电动工具也应对绝缘电阻进行定期测量、检查。

【解读】长期停用或新领用的电动工具绝缘水平可能下降，故有本条的要求。当绝缘电阻值低于 2MΩ 时，表明电动工具绝缘水平下降，易发生绝缘击穿，导致触电伤人，故应进行维修处理。

GB/T 3787—2006《手持式电动工具的管理、使用、检查和维修安全技术规程》5.3.4 对于绝缘电阻的测量规定见表 16-1（GB/T 3787—2006 中的表 1）。

表 16–1 绝缘电阻的测量规定

测量部位	绝缘电阻 （MΩ）
Ⅰ类工具带电零件与外壳之间	2
Ⅱ类工具带电零件与外壳之间	7
Ⅲ类工具带电零件与外壳之间	1

注 1：绝缘电阻用 500V 绝缘电阻表测量。

注 2：Ⅲ类工具，工具在防止触电的保护方面依靠由安全特低电压供电和在工具内部不会产生比安全特低电压高的电压。所谓特低电压区段，是指如下范围。

（1）交流（工频）：无论是相对地或相对相之间均不大于 50V（有效值）。

（2）直流（无纹波）：无论是极对地或极对极之间均不大于 120V。

因此，Ⅲ类工具带电零件与外壳之间的绝缘电阻为 1MΩ和本条文的规定无矛盾。

定期测量、检查电动工具如存在绝缘电阻不符合规定值而造成的事故。

16.4.2.8 电动工具的电气部分经维修后，应进行绝缘电阻测量及绝缘耐压试验，试验电压参见 GB 3787—2006《手持式电动工具的管理、使用、检查和维修安全技术规程》中的相关规定。试验时间为 1min。

【解读】本条明确了电动工具的电气部分经维修后应进行电气试验的内容及试验标准。

绝缘电阻测量：见表 16–1。

绝缘耐压试验：时间应维持 1min，试验方法见表 16–2。（依据 GB 3787—2006《手持式电动工具的管理、使用、检查和维修安全技术规程》5.9 中表 2）。

表 16–2 绝缘耐压试验方法

试验电压的施加部位 （带电零件与外壳之间）	试验电压 V		
	Ⅰ类工具	Ⅱ类工具	Ⅲ类工具
仅有基本绝缘与带电零件隔离	1250	—	500
由加强绝缘与带电零件隔离	3750	3750	—

16.4.2.9 在一般作业场所（包括金属构架上），应使用Ⅱ类电动工具（带绝缘外壳的工具）。在潮湿或含有酸类的场地上以及在金属容器内应使用 24V 及以下电动工具，否则应使用带绝缘外壳的工具，并装设额定动作电流不大于 10mA、一般型（无延时）的剩余电流动作保护器（漏电保护器），且应设专人不间断地监护。剩余电流动作保护器（漏电保护器）、电源连接器和控制箱等应放在容器外面。电动工具的开关应设在监护人伸手可及的地方。

【解读】 JGJ 46—2005《施工现场临时用电安全技术规范（附条文说明）》规定，在潮湿或含有酸类的场地上以及在金属容器内应使用Ⅲ类电动工具（24V 及以下电动工具），否则应使用Ⅱ类电动工具（带绝缘外壳的工具），同时，应装设额定动作电流不大于 10mA 的一般型（无延时）的剩余电流动作保护器（漏电保护器），（依据 GB 13955—2005《剩余电流动作保护装置安装和运行》的 5.8.4，对于在金属物体上工作，操作手持式电动工具或非安全电压的行灯时，应选用额定剩余动作电流为 10mA、一般型（无延时）的剩余电流保护装置）。并且还规定应采取"设专人在外不间断地监护"的安全措施。

剩余电流动作保护器（漏电保护器）、电源连接器和控制箱等应放在容器外面，是为了防止一旦这些设备故障漏电，特别是剩余电流动作保护器（漏电保护器）电源侧的设备故障漏电，将会使金属容器带电，造成作业人员触电伤害。

16.4.3 潜水泵。

16.4.3.1 潜水泵应重点检查下列项目且应符合要求：

a) 外壳不准有裂缝、破损。

【解读】 外壳如有裂缝、破损，进水后将可能引起电气故障及潜水泵内、外水相通，导致潜水泵工作效率下降。

b) 电源开关动作应正常、灵活。

【解读】 电源开关动作应正常、灵活，确保潜水泵出现异常情况时能够及时切断电源。

　　c）　机械防护装置应完好。

　　【解读】机械防护装置应完好，防止水流卷起的沙石等异物撞击泵体。

　　d）　电气保护装置应良好。

　　【解读】电气保护装置良好，是确保人身、设备安全的重要措施。为防止潜水泵在水下工作时漏电而引发触电事故，应装剩余电流动作保护器。

　　e）　校对电源的相位，通电检查空载运转，防止反转。

　　【解读】三相式潜水泵接线时应确认电机的旋转方向。某些类型的潜水泵正转和反转时皆可出水，但反转时出水量小、电流大，会损坏电机绕组。

16.4.3.2　潜水泵工作时，泵的周围30m以内水面禁止有人进入。

　　【解读】JGJ 33—2012《建筑机械使用安全技术规程》第13.18.3条规定，"潜水泵应装设保护接零和漏电保护装置，工作时泵周围30m以内水面，不得有人、畜进入"。以防止潜水泵漏电造成伤害事故。

16.5　焊接、切割。

16.5.1　不准在带有压力（液体压力或气体压力）的设备上或带电的设备上进行焊接。在特殊情况下需在带压和带电的设备上进行焊接时，应采取安全措施，并经本单位批准。对承重构架进行焊接，应经过有关技术部门的许可。

　　【解读】在带有压力（液体压力或气体压力）的设备上焊接，由于焊接时的高温降低了设备材料的机械强度或焊接时可能戳破设备的薄弱部位引起液体或气体泄漏，发生人身伤害，所以不准在带有压力（液体压力或气体压力）的设备上焊接。

　　对承重构架进行焊接，可能破坏承重构架的强度和构架的稳定性，进而发生承重构架倒塌事故。因此，对承重构架进行焊接，应经过有关技术部门的许可。

在特殊情况下需在带有压力（液体压力或气体压力）的设备上进行焊接时，如进行气孔、夹渣引起的点状及孔洞状泄漏的堵漏作业时，应采取以下安全措施：只能补焊裂纹，不能用于焊缝缺陷；在低压下进行；采用焊接变形的方法（裂纹在低温区金属的压应力作用下产生局部收严）进行；由有经验的焊工在监护下进行。

在带电设备的外壳、底座、连杆等邻近带电部位上进行焊接时，游离的高温金属气体可能造成设备短路跳闸；此外，焊接时的安全距离如不够，可能造成人身伤害，所以不准在带电设备上进行焊接。特殊情况下，确须在带电设备上进行焊接，应采取安全措施：保持与带电体的安全距离，防止游离的高温金属气体弥漫导致短路。

16.5.2 禁止在油漆未干的结构或其他物体上进行焊接。

【解读】直接在油漆未干的结构上进行焊接时，易引起火灾。焊接时还会产生有毒气体，在通风不畅的情况下将导致中毒或损害作业人员健康。

16.5.3 在重点防火部位和存放易燃易爆物品的场所附近及存有易燃物品的容器上使用电、气焊时，应严格执行动火工作的有关规定，按有关规定填用动火工作票，备有必要的消防器材。

【解读】在本条所述的部位、场所或设备上进行电、气焊时，危险性较大，应使用动火工作票，备有必要的消防器材（如砂箱、灭火器、消防栓、水桶等），并进行可燃气体爆炸浓度检查。

16.5.4 在风力超过 5 级及下雨雪时，不可露天进行焊接或切割工作。如必须进行时，应采取防风、防雨雪的措施。

【解读】采取防风措施，是为了防止电弧或火焰吹偏。采取防雨雪措施，是为了防止焊缝冷却速度加快而产生冷裂纹。

16.5.5 电焊机的外壳应可靠接地，接地电阻不准大于 4Ω。

【**解读**】如接地不可靠或接地电阻大于4Ω，当外壳漏电时，通过人体的电流可能危及人身安全。

电焊机就是一个特殊的变压器，应遵循 JGJ 46—2005《施工现场临时用电安全技术规范（附条文说明）》5.3.1 的规定："单台容量超过 100kVA 或使用同一接地装置并联运行且总容量超过100kVA 的电力变压器或发电机的工作接地电阻值不得大于4Ω。单台容量不超过100kVA 或使用同一接地装置并联运行且总容量不超过100kVA 的电力变压器或发电机的工作接地电阻值不得大于10Ω。在土壤电阻率大于1000Ω·m 的地区，当达到上述接地电阻值有困难时，工作接地电阻值可提高到30Ω"。

16.5.6　气瓶的存储应符合国家有关规定。

【**解读**】气瓶的存储应符合《气瓶安全监察规定》（中华人民共和国国家质量监督检验检疫总局令第 46 号）第六章"运输、储存、销售和使用"的要求。

16.5.7　气瓶搬运应使用专门的抬架或手推车。

16.5.8　用汽车运输气瓶时，气瓶不准顺车厢纵向放置，应横向放置并可靠固定。气瓶押运人员应坐在驾驶室内，不准坐在车厢内。

【**解读**】汽车运输气瓶时，由于受路况条件的影响，气瓶难免会滚动相互撞击，引起振动冲击，气瓶剧烈振动可使瓶内气体膨胀，发生爆炸。气瓶顺车厢纵向放置时，遇急停或突然启动，气瓶易窜入驾驶室或落向后车。故要求气瓶加瓶帽和钢瓶护圈，横向放置并可靠固定。

气瓶押运人不准坐在车厢内，主要是防止气瓶滚动撞击、漏气甚至爆炸造成人员伤害事故。

16.5.9　禁止把氧气瓶及乙炔气瓶放在一起运送，也不准与易燃物品或装有可燃气体的容器一起运送。

【**解读**】泄漏出来的气体经化学反应将会发生燃烧、爆炸，故禁止把氧气瓶及乙炔气瓶放在一起运送，也不准与易燃物品或装有可燃气体的容器一起运送。

16.5.10 氧气瓶内的压力降到 0.2MPa，不准再使用。用过的气瓶上应写明"空瓶"。

【解读】依据 GB 9448—1999《焊接与切割安全》10.5.4 的规定："气瓶在使用后不得放空，必须留有不小于 98～196kPa（即不小于 0.2MPa）表压的余气"。

使用中的氧气瓶或乙炔气瓶，其剩余压力应不低于 0.2MPa，其主要目的是在气瓶继续充气时可保持瓶内气体的纯度，此外，也方便提取气体样品进行化验。

16.5.11 使用中的氧气瓶和乙炔气瓶应垂直固定放置，氧气瓶和乙炔气瓶的距离不准小于 5m，气瓶的放置地点不准靠近热源，应距明火 10m 以外。

【解读】依据 GB 9448—1999《焊接与切割安全》10.5.4 的规定："气瓶在使用时必须稳固竖立或装在专用车（架）或固定装置上"。

使用中的氧气瓶和乙炔气瓶如水平放置，气瓶内的锈蚀粉末或填充液体、固体带入减压器，使减压器损坏、堵塞，造成使气瓶不能使用。

DL 5027—2015《电力设备典型消防规程》明确了氧气瓶和乙炔气瓶的距离不得小于 5m，以防气体泄漏时由于距离太近而造成火灾、爆炸。

DL 5009.3—2013《电力建设安全工作规程 第 3 部分：变电站》3.6.3 的规定："气瓶不得靠近热源和电气设备，气瓶与明火的距离不得小于 10m"。

16.6 动火工作。

16.6.1 在防火重点部位或场所以及禁止明火区动火作业，应填用动火工作票。其方式有下列两种：

a）填用线路一级动火工作票（见附录 O）。

b) 填用线路二级动火工作票（见附录 P）。

本规程所指动火作业，是指直接或间接产生明火的作业，包括熔化焊接、切割、喷枪、喷灯、钻孔、打磨、锤击、破碎、切削等。

【解读】防火重点部位或场所：是指本规程附录 P 动火级别的划定内容。

同时，明确本规程动火作业的定义：本规程所指动火作业，是指能直接或间接产生明火的作业，包括熔化焊接、切割、喷枪、喷灯、钻孔、打磨、锤击、破碎、切削等。

由于在防火重点部位或场所以及禁止明火区动火作业是一项防火要求很高的作业，它应有严格的组织措施和技术措施以及严密的管理、作业流程，如：动火地点及设备名称、动火工作内容、动火方式，应采取的安全措施、动火工作票签发人、消防人员、安监人员、动火工作负责人、运维许可人、分管生产的领导或技术负责人（总工程师）签名等，同时办理动火工作票的过程也是落实动火安全措施的过程，是确保动火安全的最重要的措施。为此，提出填用一级动火工作票及二级动火工作票的要求。

16.6.2 在一级动火区动火作业，应填用线路一级动火工作票。

一级动火区，是指火灾危险性很大，发生火灾时后果很严重的部位或场所。

【解读】一级动火范围（动火区）见本规程附录 P。

此类区域（部位、设备）都存储着易燃、易爆液（气）体，火灾危险性很大，后果也极其严重。因此应填用一级动火工作票。

16.6.3 在二级动火区动火作业，应填用线路二级动火工作票。

二级动火区，是指一级动火区以外的所有防火重点部位或场所以及禁止明火区。

【解读】二级动火范围（动火区）见本规程附录 P。

此类区域（部位、设备）发生火灾将对生产系统、生产设备造成较大后果。因此应填用二级动火工作票。

16.6.4 各单位可参照附录 Q 和现场情况划分一级和二级动火区，制定出需要执行一级和二级动火工作票的工作项目一览表，并经本单位批准后执行。

16.6.5 动火工作票不准代替设备停复役手续或检修工作票、工作任务单和事故紧急抢修单，并应在动火工作票上注明检修工作票、工作任务单和事故紧急抢修单的编号。

【解读】 在运用中的发、输、变、配电和用户电气设备上及相关场所作业应先有设备停复役手续或检修工作票、事故应急抢修单，然后才能有动火工作票。非运用中的设备上及相关场所（如食堂、办公楼等）的动火作业可不填检修工作票、事故应急抢修单。

检修工作票、事故应急抢修单为防止设备损坏、人身伤害，动火工作票为防火灾。

检修工作票、事故应急抢修单中的格式要求、安全措施、相关人员（工作票签发人、工作负责人、工作许可人）的安全责任和动火工作票中的格式要求、动火安全措施、相关人员（工作票签发人、工作负责人、工作许可人、工作批准人）的安全责任是不完全一样的。所以，动火工作票不准代替设备停复役手续或检修工作票、工作任务单和事故应急抢修单。

在动火工作票上注明检修工作票、事故应急抢修单的编号，其作用是将工作内容和动火内容相关联。

16.6.6 动火工作票的填写与签发。

16.6.6.1 动火工作票应使用黑色或蓝色的钢（水）笔或圆珠笔填写与签发，内容应正确、填写应清楚，不准任意涂改。如有个别错、漏字需要修改，应使用规范的符号，字迹应清楚。用计算机生成或打印的动火工作票应使用统一的票面格式，由工作票签发人审核无误，手工或电子签名后方可执行。

动火工作票一般至少一式三份，一份由工作负责人收执、一份由动火执行人收执、一份保存在安监部门（或具有消防管理职责的部门，指线路一级动火工作票）或动火部门（指线路二级动火工作票）。若动火工作与运行有关，即需要运维人员对设备系统采取隔离、冲洗等防火安全措施者，还应多一份交运维人员收执。

【解读】规定动火工作票的填写与签发的基本要求。参见本规程5.3.7.1和5.3.7.2。

工作负责人收执一份动火工作票，按动火工作票中的内容正确安全地组织动火工作；向有关人员布置动火工作，交待防火安全措施和进行安全教育；并始终监督现场动火工作等。动火执行人收执一份动火工作票，按动火工作票中的安全措施严格执行动火作业。安监部门或具有消防管理职责的部门（指一级动火工作票）或动火部门（指二级动火工作票）收执一份动火工作票，起到监督、指导、备查的作用。运维值班人员收执一份动火工作票，按动火措施中的有关要求对设备系统采取隔离、冲洗等防火安全措施。

16.6.6.2　线路一级动火工作票由申请动火的工区动火工作票签发人签发，工区安监负责人、消防管理负责人审核，工区分管生产的领导或技术负责人（总工程师）批准，必要时还应报当地地方公安消防部门批准。

线路二级动火工作票由申请动火的工区动火工作票签发人签发，工区安监人员、消防人员审核，动火工区分管生产的领导或技术负责人（总工程师）批准。

【解读】明确一、二级动火工作票要求由申请动火的工区动火工作票签发人签发，熟悉该项施工情况的有相应职责的人员审核，工区分管生产的领导或技术负责人（总工程师）批准，从而在组织措施上防止事故发生。

依据电网（供电）企业的实际情况，一、二级动火工作票批准权下放至动火工区。发电厂的动火工作票制度，执行《国家电网公司电力安全工作规程[火（水）电厂（动力部分）]》动火工作票制度，不执行本规程的动火工作票制度。

16.6.6.3 动火工作票经批准后，由工作负责人送交运维许可人。

【解读】动火工作票是安全动火的书面依据，批准后由工作负责人送交运维许可人，对安全措施是否满足现场条件进行双重确认。

16.6.6.4 动火工作票签发人不准兼任该项工作的工作负责人。动火工作票由动火工作负责人填写。

动火工作票的审批人、消防监护人不准签发动火工作票。

【解读】动火工作票签发人、工作负责人各有安全职责，对同一项工作来说，两者不能兼任，而应各负其责，层层审查、核对、监督以确保动火安全。

动火工作负责人是动火工作的现场组织者、实施者，应了解现场的状况（系统、环境等）及作业人员的情况（技术水平、身体状况），做到全面掌握，所以动火工作票由动火工作负责人填写。

动火工作票各级审批人员和消防监护人是动火工作的审核、监督、批准人员。为防止失去有关人员的把关作用，确保动火安全，动火工作票的审批人、消防监护人不准签发动火工作票。

16.6.6.5 动火单位到生产区域内动火时，动火工作票由设备运维管理单位（或工区）签发和审批，也可由动火单位和设备运维管理单位（或工区）实行"双签发"。

【解读】动火单位特指外单位，由于外单位对运用中的设备、系统不熟悉，完全由外单位签发不安全，因此，动火工作票由设备运维管理单位（或工区）签发和审批。

由动火单位和设备运维管理单位（或工区）实行"双签发"的目的是明确双方的安全责任。设备运维管理单位（或工区）的安全责任是：设备、系统的隔绝；围栏装设；标示牌悬挂；接地线装设等。动火单位的安全责任是：配备合格的工作负责人、动火执行人、消防监护人、安全监督人员；严格按安全措施执行动火作业；现场配备必要的消防器材；安全监督人员和消防监护人始终在现场监督动火作业。

双签发时的许可人是运维单位，宜实行双批准。

16.6.7 动火工作票的有效期。

线路一级动火工作票应提前办理。

线路一级动火工作票的有效期为24h，线路二级动火工作票的有效期为120h。动火作业超过有效期限，应重新办理动火工作票。

【解读】一级动火工作票应提前办理。因为一级动火多为较重要动火工作，为了安全作业，设备运行管理单位应认真审查作业的安全性、必要性及安全措施的正确性，同时还要做好相应的动火准备工作。

一级动火危险性较大，故在时间上间隔越长，危险隐患越多，此外，作业也应有时效性，因此规定有效期为24h。相对应一级动火票，二级动火票的有效工作时间为20h。

16.6.8 动火工作票所列人员的基本条件：

线路一、二级动火工作票签发人应是经本单位（动火单位或设备运维管理单位）考试合格并经本单位批准且公布的有关部门负责人、技术负责人或经本单位批准的其他人员。

动火工作负责人应是具备检修工作负责人资格并经工区考试合格的人员。

动火执行人应具备有关部门颁发的合格证。

【解读】本单位是指地区级供电公司、超高压公司及相应等级的送变电公司、检修公司等。

因为一、二级动火工作票签发人要对动火作业的必要性、安全性及动火安全措施的正确性负责，而动火工作对系统、环境的熟悉程度、介质的性质（闪点、闪点的分类、气体的可燃性、爆炸性等）都有较高的要求，甚至对工作负责人、作业人员的技术水平、基本素质都应熟悉、了解。所以一、二级动火工作票签发人应是经本单位（动火单位或设备运行管理单位）考试合格并经本单位批准且公布的有关部门负责人、技术负责人或有关班组班长、技术员。

动火工作负责人应是具备检修工作负责人资格并经考试合格的人员。

动火工作负责人是动火工作的直接组织者、现场指挥者、动火作业的监督者，他要办理动火工作票；要对检修应做的安全措施的正确性负责。此外，动火工作是检修工作的一部分内容。所以，动火工作负责人应是具备检修工作负责人资格并经考试合格的人员。

GB 9448—1999《焊接与切割安全》规定："操作者必须具备对特种作业人员所要求的基本条件，并懂得将要实施操作时可能产生的危害以及适用于控制危害条件的程序。操作者必须安全地使用设备，使之不会对生命及财产构成危害"。

操作者只有在规定的安全条件得到满足，并得到现场管理及监督者准许的前提下，才可实施焊接或切割操作。在获得准许的条件没有变化时，操作者可以连续地实施焊接或切割。

焊接或切割操作人员应经"国家认证"。

使用喷灯、电钻、砂轮等工具的作业人员应经企业培训合格。

16.6.9 动火工作票所列人员的安全责任。

16.6.9.1 动火工作票各级审批人员和签发人：

a）　工作的必要性。

b）　工作的安全性。

c）　工作票上所填安全措施是否正确完备。

【解读】动火工作票各级审批人员〔包括分管生产的领导或

技术负责人（总工程师）、安监部门负责人、消防管理部门负责人、动火部门负责人等］和签发人审核动火工作是否必要，不动火能否完成任务；审核动火工作是否满足安全条件；审核工作票上所填安全措施是否正确完备。满足了以上条件，各级审批人员和签发人才可以按各自的职责签字、批准。

各级审批人员和签发人在动火作业的全过程中，要按照动火工作票制度，按规定履行各自在现场的安全职责。

16.6.9.2 动火工作负责人：

a) 正确安全地组织动火工作。

b) 负责检修应做的安全措施并使其完善。

c) 向有关人员布置动火工作，交待防火安全措施和进行安全教育。

d) 始终监督现场动火工作。

e) 负责办理动火工作票开工和终结。

f) 动火工作间断、终结时检查现场有无残留火种。

【解读】动火工作负责人是动火工作的直接组织者、现场指挥者、动火作业的监督者，负责动火工作应做的安全措施正确性，同时，也应检查运维人员所做的安全措施是否正确，并始终在现场指挥、监督动火作业，动火工作间断、终结时检查现场有无残留火种，直至办理动火工作票终结。

16.6.9.3 运维许可人：

a) 工作票所列安全措施是否正确完备，是否符合现场条件。

b) 动火设备与运行设备是否确已隔绝。

c) 向工作负责人现场交待运维所做的安全措施。

【解读】运维许可人应审核动火工作票所列安全措施是否符合现场条件；做好动火设备与运行设备的隔绝工作及协同检修人员做好清理、置换工作；装设围栏；悬挂警示标志等；向工作负责人现场交待运维所做的安全措施等。

16.6.9.4 消防监护人：

　　a）　负责动火现场配备必要的、足够的消防设施。

　　b）　负责检查现场消防安全措施的完善和正确。

　　c）　测定或指定专人测定动火部位（现场）可燃气体、易燃
液体的可燃蒸汽含量是否合格。

　　d）　始终监视现场动火作业的动态，发现失火及时扑救。

　　e）　动火工作间断、终结时检查现场有无残留火种。

　　【解读】GB 9448—1999《焊接与切割安全》6.4.3 明确了火灾
警戒职责："火灾警戒人员（即消防监护人）必须经必要的消防训
练，并熟知消防紧急处理程序。火灾警戒人员的职责是监视作业
区域内的火灾情况；在焊接或切割完成后检查并消灭可能存在的
残火"。这是消防监护人的主要安全责任。此外，消防监护人还要
负责动火现场配备必要的、足够的消防设施，检查现场消防安全
措施的完善和正确；测定或指定专人测定动火部位（现场）可燃
性气体、可燃液体的可燃蒸汽含量等。

16.6.9.5 动火执行人：

　　a）　动火前应收到经审核批准且允许动火的动火工作票。

　　b）　按本工种规定的防火安全要求做好安全措施。

　　c）　全面了解动火工作任务和要求，并在规定的范围内执行
动火。

　　d）　动火工作间断、终结时清理现场并检查有无残留火种。

　　【解读】动火执行人是动火的实际操作者，动火前应收到经
审核批准且允许动火的动火工作票，并按本工种规定的防火安全
要求做好安全措施（如氧气瓶和乙炔气瓶的安全距离、电焊时的
就地接地等符合要求等），在全面了解动火工作任务和要求的情
况下，在规定的范围内，动火执行人方能按本规程动火工作票制
度规定的程序动火。

16.6.10 动火作业安全防火要求。

16.6.10.1 有条件拆下的构件，如油管、阀门等应拆下来移至安全场所。

【解读】有条件拆下的构件，如油管、阀门等应拆下来移至安全场所，不在重点防火部位动火，达到既安全又避免开具动火工作票的目的。

16.6.10.2 可以采用不动火的方法代替而同样能够达到效果时，尽量采用替代的方法处理。

【解读】可采取机械封堵等方法减少动火，降低安全风险。

16.6.10.3 尽可能地把动火时间和范围压缩到最低限度。

【解读】动火的时间越长，范围越大，安全风险也越大，把动火时间和范围压缩到最低限度就是降低了动火的危险性。

16.6.10.4 凡盛有或盛过易燃易爆等化学危险物品的容器、设备、管道等生产、储存装置，在动火作业前应将其与生产系统彻底隔离，并进行清洗置换，检测可燃气体、易燃液体的可燃蒸汽含量合格后，方可动火作业。

【解读】凡盛有或盛过易燃易爆等化学危险物品的装置，在动火作业前应将其与生产系统彻底隔离，并采取蒸汽、碱水清洗或惰性气体置换等方法清除易燃易爆气体等化学危险物品。检测可燃气体、易燃液体的可燃蒸汽含量合格后，方可动火作业。

16.6.10.5 动火作业应有专人监护，动火作业前应清除动火现场及周围的易燃物品，或采取其他有效的安全防火措施，配备足够适用的消防器材。

【解读】专人监护可以是工作负责人，也可以指派他人监护。专人监护应对动火作业环境、作业过程、安全措施的全面执行等进行全面的监护，消除动火工作现场安全隐患，做好事故应急措施。

16.6.10.6 动火作业现场的通排风要良好，以保证泄漏的气体能顺畅排走。

16.6.10.7 动火作业间断或终结后，应清理现场，确认无残留火种后，方可离开。

16.6.10.8 下列情况禁止动火：

    a) 压力容器或管道未泄压前。

【解读】参见本规程 16.5.1 的解读。

    b) 存放易燃易爆物品的容器未清洗干净前或未进行有效置换前。

【解读】参见本规程 16.6.10.4 的解读。

    c) 风力达 5 级以上的露天作业。

【解读】参见本规程 16.5.4 的解读。

    d) 喷漆现场。

【解读】油漆挥发的可燃气体、油漆分子和空气混合后，如遇明火将会引发火灾。

    e) 遇有火险异常情况未查明原因和消除前。

16.6.11 动火的现场监护：

16.6.11.1 一级动火在首次动火时，各级审批人和动火工作票签发人均应到现场检查防火安全措施是否正确完备，测定可燃气体、易燃液体的可燃蒸汽含量是否合格，并在监护下作明火试验，确无问题后方可动火。

二级动火时，工区分管生产的领导或技术负责人（总工程师）可不到现场。

【解读】一级动火的危险性较大，需要动火的设备、场所较为重要或复杂，首次动火时各级审批人［包括安监部门负责人、消防管理部门负责人、动火部门负责人、分管生产的领导或技术负责人（总工程师）］和动火工作票签发人均应到现场，履行检查、确认、监护的职责，进一步审核工作的必要性、安全性。

易燃液体的燃烧是通过其挥发的蒸汽与空气形成可燃混合物（同样，可燃气体与空气形成可燃混合物）达到一定的浓度后遇火源而实现的，实质上是液体蒸汽与氧发生的氧化反应。因此，要用"测爆仪"测定可燃气体、易燃液体的可燃气体含量是否合格，如合格，就在监护下做明火试验，确无问题后方可动火。

因为二级动火危险性相对小一些，分管生产的领导或技术负责人（总工程师）可不到现场。

16.6.11.2 一级动火时，工区分管生产的领导或技术负责人（总工程师）、消防（专职）人员应始终在现场监护。

【解读】参见本规程 16.6.11.1 和 16.6.9.4 的解读。

16.6.11.3 二级动火时，工区应指定人员，并和消防（专职）人员或指定的义务消防员始终在现场监护。

【解读】因为二级动火的危险性相对较小，需要动火的设备、场所相对简单，所以二级动火时，只需要工区指定人员、消防（专职）人员或指定的义务消防员始终在现场监护即可。

16.6.11.4 一、二级动火工作在次日动火前应重新检查防火安全措施，并测定可燃气体、易燃液体的可燃蒸汽含量，合格方可重新动火。

【解读】安全措施的改变，极有可能造成设备、人身伤害事故。所以，为防止意外情况发生而改变原来的安全措施，一、二级动火工作在次日动火前应重新检查防火安全措施。

为了避免前日残留的可燃气体、易燃液体的蒸汽累积，与空气混合达到一定的浓度后遇火源而发生燃烧、爆炸伤人，一、二级动火工作在次日动火前应重新测定可燃气体、易燃液体的蒸汽含量，合格方可重新动火。

16.6.11.5 一级动火工作的过程中，应每隔 2h～4h 测定一次现场可燃气体、易燃液体的可燃蒸汽含量是否合格，当发现不合格或异常升高时应立即停止动火，在未查明原因或排除险情前不准动火。

动火执行人、监护人同时离开作业现场，间断时间超过

30min，继续动火前，动火执行人、监护人应重新确认安全条件。

一级动火作业，间断时间超过 2.0h，继续动火前，应重新测定可燃气体、易燃液体的可燃蒸汽含量，合格后方可重新动火。

【解读】在动火工作的过程中，随着时间的延长，空气中积累的可燃气体含量就越高，当达到一定浓度时，极有可能发生火灾和爆炸事故，故要求每隔 2~4h 测定一次现场可燃气体含量是否合格。

动火执行人、监护人同时离开作业现场，间断时间超过30min，作业现场的动火条件、环境可能发生变化。故要求继续动火前，动火执行人、监护人应重新确认安全条件。

一级动火作业，间断时间超过 2h，由于随着时间的延长空气中积累的可燃气体含量越高，故要求继续动火前，应重新测定可燃气体、易燃液体的可燃蒸汽含量，合格后方可重新动火。

16.6.12 动火工作完毕后，动火执行人、消防监护人、动火工作负责人和运维许可人应检查现场有无残留火种，是否清洁等。确认无问题后，在动火工作票上填明动火工作结束时间，经四方签名后（若动火工作与运维无关，则三方签名即可），盖上"已终结"印章，动火工作方告终结。

16.6.13 动火工作终结后，工作负责人、动火执行人的动火工作票应交给动火工作票签发人，签发人将其中的一份交工区。

16.6.14 动火工作票至少应保存 1 年。

【解读】动火工作票与工作票管理要求相一致。

附 录 A
（资料性附录）
现场勘察记录格式

现 场 勘 察 记 录

勘察单位＿＿＿＿＿＿＿＿　　　编号＿＿＿＿＿＿＿＿

勘察负责人＿＿＿＿＿＿＿＿＿＿＿＿＿　　　勘察人员＿＿＿＿＿＿＿＿＿

勘察的线路名称或设备的双重名称（多回应注明双重称号）：

＿＿＿＿＿＿＿＿＿＿＿＿＿＿＿＿＿＿＿＿＿＿＿＿＿＿＿＿＿＿＿＿＿＿＿＿

工作任务（工作地点或地段以及工作内容）：＿＿＿＿＿＿＿＿＿＿＿＿＿＿

＿＿＿＿＿＿＿＿＿＿＿＿＿＿＿＿＿＿＿＿＿＿＿＿＿＿＿＿＿＿＿＿＿＿＿＿

现场勘察内容

1. 需要停电的范围：
2. 保留的带电部位：

表（续）

3. 作业现场的条件、环境及其他危险点：
4. 应采取的安全措施：
5. 附图与说明：

记录人：_____　勘察日期：_____年__月__日__时__分至__日__时__分

附 录 B

（资料性附录）
电力线路第一种工作票格式

电力线路第一种工作票

单位＿＿＿＿＿＿　　编号＿＿＿＿＿＿

1. 工作负责人（监护人）＿＿＿＿＿＿　　班组＿＿＿＿＿＿

2. 工作班人员（不包括工作负责人）

＿＿＿＿＿＿＿＿＿＿＿＿＿＿＿＿＿＿＿＿＿＿＿＿＿共＿＿＿人

3. 工作的线路名称或设备双重名称（多回路应注明双重称号）

＿＿＿＿＿＿＿＿＿＿＿＿＿＿＿＿＿＿＿＿＿＿＿＿＿＿＿＿＿

4. 工作任务

工作地点或地段 （注明分、支线路名称、 线路的起止杆号）	工 作 内 容

5. 计划工作时间

自＿＿＿年＿月＿日＿时＿分

至＿＿＿年＿月＿日＿时＿分

6. 安全措施（必要时可附页绘图说明）

6.1 应改为检修状态的线路间隔名称和应拉开的断路器（开关）、隔离开关（刀闸）、熔断器（包括分支线、用户线路和配合停电线路）：_____

_____

_____

_____

6.2 保留或邻近的带电线路、设备：_____

_____

_____

6.3 其他安全措施和注意事项：_____

_____

_____

_____

6.4 应挂的接地线

挂设位置 （线路名称及杆号）	接地线编号	挂设时间	拆除时间

工作票签发人签名_____　　____年__月__日__时__分

工作负责人签名_____　　____年__月__日__时__分收到工作票

7. 确认本工作票 1~6 项，许可工作开始

许可方式	许可人	工作负责人签名	许可工作的时间
			年　月　日　时　分
			年　月　日　时　分
			年　月　日　时　分

8. 确认工作负责人布置的工作任务和安全措施

　　　工作班组人员签名：

_____

_____

_____

9. 工作负责人变动情况

　　　原工作负责人_____离去，变更_____为工作负责人。

　　　工作票签发人签名_____　　____年__月__日__时__分

10. 作业人员变动情况（变动人员姓名、日期及时间）

_____

_____

_____

_____

　　　工作负责人签名_____

11. 工作票延期

　　　有效期延长到　____年__月__日__时__分

　　　工作负责人签名_____　　____年__月__日__时__分

　　　工作许可人签名_____　　____年__月__日__时__分

12. 工作票终结

12.1　现场所挂的接地线编号_____　　共____组，已全部拆除、带回。

12.2　工作终结报告

终结报告的方式	许可人	工作负责人签名	终结报告时间
			年　月　日　时　分
			年　月　日　时　分
			年　月　日　时　分

13. 备注

（1）指定专责监护人_____　负责监护_____

_____

_____（人员、地点及具体工作）

（2）其他事项

_____

_____

_____

附 录 C
（资料性附录）
电力电缆第一种工作票格式

电力电缆第一种工作票

单位_____　　　编号_____

1. 工作负责人（监护人）_____　　　班组_____

2. 工作班人员（不包括工作负责人）

_____

_____

_____共_____人

3. 电力电缆名称

_____

_____

4. 工作任务

工作地点或地段	工作内容

5. 计划工作时间

　　自____年__月__日__时__分

　　至____年__月__日__时__分

6. 安全措施（必要时可附页绘图说明）

（1）应拉开的设备名称、应装设绝缘挡板			
变、配电站 或线路名称	应拉开的断路器（开关）、隔离开关 （刀闸）、熔断器以及应装设的绝缘挡板 （注明设备双重名称）	执行人	已执行

（2）应合接地刀闸或应装接地线：		
接地刀闸双重 名称和接地线装设地点	接地线编号	执行人

（3）应设遮栏，应挂标示牌	

（4）工作地点保留带电部分或注意事项 （由工作票签发人填写）	（5）补充工作地点保留带电部分和 安全措施（由工作许可人填写）

工作票签发人签名_____　　　签发日期____年__月__日__时__分

7. 确认本工作票1~6项

　　工作负责人签名_____

8. 补充安全措施

_____

_____

_____

　　工作负责人签名_____

9. 工作许可

　　（1）在线路上的电缆工作：

　　工作许可人_____用_____方式许可

　　自____年__月__日__时__分起开始工作

　　工作负责人签名_____

　　（2）在变电站或发电厂内的电缆工作：

　　安全措施项所列措施中_____（变、配电站/发电厂）部分已执行完毕

　　工作许可时间____年__月__日__时__分

　　工作许可人签名_____　　　　工作负责人签名_____

10. 确认工作负责人布置的工作任务和安全措施

　　工作班组人员签名：

_____

_____

_____

11. 每日开工和收工时间（使用一天的工作票不必填写）

收工时间				工作负责人	工作许可人	开工时间				工作许可人	工作负责人
月	日	时	分			月	日	时	分		

12. 工作票延期

有效期延长到＿＿＿年＿月＿日＿时＿分

工作负责人签名＿＿＿＿＿　　　＿＿＿年＿月＿日＿时＿分

工作许可人签名＿＿＿＿　　　＿＿年＿月＿日＿时＿分

13. 工作负责人变动

原工作负责人＿＿＿＿离去，变更＿＿＿＿＿＿为工作负责人。

工作票签发人签名＿＿＿＿　　＿＿＿年＿月＿日＿时＿分

14. 作业人员变动情况（变动人员姓名、日期及时间）

_____

_____

_____

工作负责人签名＿＿＿＿＿＿

15. 工作终结

（1）在线路上的电缆工作：

作业人员已全部撤离，材料工具已清理完毕，工作终结；所装的工作接地线共＿＿＿＿副已全部拆除，于＿＿＿年＿月＿日＿时＿分工作负责人向工作许可人＿＿＿用＿＿＿方式汇报。

工作负责人签名＿＿＿＿＿＿

（2）在变、配电站或发电厂内的电缆工作：

在＿＿＿＿＿＿＿＿（变、配电站/发电厂）工作于＿＿＿年＿月＿日＿时＿分结束，设备及安全措施已恢复至开工前状态，作业人员已全部撤离，材料工具已清理完毕。

工作负责人签名＿＿＿＿＿＿　　工作许可人签名＿＿＿＿＿＿

16. 工作票终结

临时遮栏、标示牌已拆除，常设遮栏已恢复；未拆除或拉开的接地线编号＿＿＿＿＿＿＿＿＿＿等共＿＿＿组、接地刀闸共＿＿＿＿副（台），已汇报调度。

工作许可人签名＿＿＿＿＿＿

17. 备注

    （1）指定专责监护人＿＿＿＿＿＿＿　　　负责监护＿＿＿＿＿＿＿＿＿＿＿＿＿＿＿＿

＿＿

＿＿＿＿＿＿＿＿＿＿＿＿＿＿＿＿＿＿＿＿＿＿＿＿＿＿＿＿（地点及具体工作）。

    （2）其他事项＿＿＿＿＿＿＿＿＿＿＿＿＿＿＿＿＿＿＿＿＿＿＿＿＿＿＿＿＿＿＿＿

＿＿

＿＿

＿＿

附 录 D

（资料性附录）

电力线路第二种工作票格式

电力线路第二种工作票

单位_____ 编号_____

1. 工作负责人（监护人）_____ 班组_____

2. 工作班人员（不包括工作负责人）

_____

_____ 共____人

3. 工作任务

线路或设备名称	工作地点、范围	工作内容

4. 计划工作时间

自____年__月__日__时__分

至____年__月__日__时__分

5. 注意事项（安全措施）

_____

_____

_____

工作票签发人签名_____ ____年__月__日__时__分

工作负责人签名_____ ____年__月__日__时__分

6. 确认工作负责人布置的工作任务和安全措施

工作班组人员签名：

_____

7. 工作开始时间____年__月__日__时__分　　工作负责人签名_____

　　工作完工时间____年__月__日__时__分　　工作负责人签名_____

8. 工作票延期

　　有效期延长到_____年__月__日__时__分

9. 备注

_____

_____

_____

附 录 E

（资料性附录）

电力电缆第二种工作票格式

电力电缆第二种工作票

单位_____ 编号_____

1. 工作负责人（监护人）_____ 班组_____

2. 工作班人员（不包括工作负责人）

_____

_____ 共_____人

3. 工作任务

电力电缆名称	工作地点或地段	工作内容

4. 计划工作时间

自_____年__月__日__时__分

至_____年__月__日__时__分

5. 工作条件和安全措施

_____

_____

工作票签发人签名_____ 签发日期_____年__月__日__时__分

6. 确认本工作票1～5项

工作负责人签名_____

7. 补充安全措施（工作许可人填写）

_____

_____

8. 工作许可

（1）在线路上的电缆工作：

工作开始时间____年__月__日__时__分

工作负责人签名_____

（2）在变电站或发电厂内的电缆工作：

安全措施项所列措施中_____（变、配电站/发电厂）部分，已执行完毕

许可自____年__月__日__时__分起开始工作

工作许可人签名_____　　　工作负责人签名_____

9. 确认工作负责人布置的工作任务和安全措施

工作班人员签名：

_____

_____

_____

10. 工作票延期

有效期延长到____年__月__日__时__分

工作负责人签名_____　　____年__月__日__时__分

工作许可人签名_____　　____年__月__日__时__分

11. 工作票终结

（1）在线路上的电缆工作：

工作结束时间____年__月__日__时__分

工作负责人签名_____

（2）在变、配电站或发电厂内的电缆工作：

在_____（变、配电站/发电厂）工作于____年__月__日__时__分结束，作业人员已全部退出，材料工具已清理完毕。

工作负责人签名_____　　　工作许可人签名_____

12. 备注

_____

_____

_____

　　注：若使用总、分票，总票的编号上前缀"总（n）号含分（m）"，分票
　　　的编号上前缀"总（n）号第分（n）"。

附 录 F
（资料性附录）
电力线路带电作业工作票格式

电力线路带电作业工作票

单位_____ 编号_____

1. 工作负责人（监护人）_____ 班组_____
2. 工作班人员（不包括工作负责人）

_____

_____共_____人

3. 工作任务

线路或设备名称	工作地点、范围	工作内容

4. 计划工作时间

自_____年__月__日__时__分

至_____年__月__日__时__分

5. 停用重合闸线路（应写线路名称）

_____

_____

6. 工作条件（等电位、中间电位或地电位作业，或邻近带电设备名称）

_____

_____

7. 注意事项（安全措施）

_____

_____

　　　　工作票签发人签名_____　　签发日期 ____年__月__日__时__分

8. 确认本工作票1～7项

　　　　工作负责人签名_____

9. 工作许可

　　　　调控许可人（联系人）_____　　许可时间____年__月__日__时__分

　　　　工作负责人签名_____　　____年__月__日__时__分

10. 指定_____为专责监护人

　　　　专责监护人签名_____

11. 补充安全措施

_____

_____

12. 确认工作负责人布置的工作任务和安全措施

　　　　工作班人员签名：

_____

_____

13. 工作终结汇报调控许可人（联系人）_____

　　　　工作负责人签名_____　　____年__月__日__时__分

14. 备注

_____

_____

_____

附 录 G

（资料性附录）

电力线路事故紧急抢修单格式

电力线路事故紧急抢修单

单位_____ 编号_____

1. 抢修工作负责人（监护人）_____ 班组_____

2. 抢修班人员（不包括抢修工作负责人）

_____

_____ 共_____人

3. 抢修任务（抢修地点和抢修内容）

_____

_____

4. 安全措施

_____

_____

_____

5. 抢修地点保留带电部分或注意事项

_____

_____

6. 上述 1～5 项由抢修工作负责人_____根据抢修任务布置人_____的布置填写。

7. 经现场勘察需补充下列安全措施

_____

_____

经许可人（调控/运维人员）_____ 同意（___月___日___时___分）后，已执行。

8. 许可抢修时间

____年__月__日__时__分 许可人（调控/运维人员）_____

9. 抢修结束汇报

本抢修工作于____年__月__日__时__分结束

现场设备状况及保留安全措施：_____

_____

_____

抢修班人员已全部撤离，材料工具已清理完毕，事故紧急抢修单已终结。

抢修工作负责人_____ 许可人（调控/运维人员）_____

填写时间____年__月__日__时__分

附 录 H

（资料性附录）

电力线路工作任务单格式

电力线路工作任务单

单位_____ 工作票号_____ 编号_____

1. 工作负责人_____

2. 小组负责人_____ 小组名称_____

小组人员_____ 共____人

3. 工作的线路名称或设备双重名称_____

_____

4. 工作任务

工作地点或地段 （注明线路名称、起止杆号）	工作内容

5. 计划工作时间

自____年__月__日__时__分

至____年__月__日__时__分

6. 注意事项（安全措施，必要时可附页绘图说明）

_____

_____

工作任务单签发人签名_____ ____年__月__日__时__分

小组负责人签名_____ ____年__月__日__时__分

7. 确认本工作票1～6项，许可工作开始

许可方式	许可人	小组负责人签名	许可工作的时间
			年　月　日　时　分

8. 确认小组负责人布置的任务和本施工项目安全措施

　　小组人员签名：＿＿＿＿＿＿＿＿＿＿＿＿＿＿＿＿＿＿

9. 小组工作于＿＿年＿月＿日＿时＿分结束，现场临时安全措施已拆除，材料、工具已清理完毕，小组人员已全部撤离。

工 作 终 结 报 告

终结报告方式	许可人签名	小组负责人签名	终结报告时间
			年　月　日　时　分

备　注：＿＿＿＿＿＿＿＿＿＿＿＿＿＿＿＿＿＿＿＿＿＿＿＿＿

附 录 I

（资料性附录）

电力线路倒闸操作票格式

电力线路倒闸操作票

单位_____ 编号_____

发令人		受令人		发令时间： 年 月 日 时 分
操作开始时间： 年 月 日 时 分			操作结束时间： 年 月 日 时 分	
操作任务				
顺序	操 作 项 目			√
备注				
操作人：			监护人：	

附 录 J
（规范性附录）
标 示 牌 式 样

标 示 牌 式 样

名称	悬挂处	式 样		
		尺寸 mm×mm	颜色	字样
禁止合闸，有人工作！	一经合闸即可送电到施工设备的断路器（开关）和隔离开关（刀闸）操作把手上	200×160 和 80×65	白底，红色圆形斜杠，黑色禁止标志符号	红底白字
禁止合闸，线路有人工作！	线路断路器（开关）和隔离开关（刀闸）把手上	200×160 和 80×65	白底，红色圆形斜杠，黑色禁止标志符号	红底白字
禁止分闸！	接地刀闸与检修设备之间的断路器（开关）操作把手上	200×160 和 80×65	白底，红色圆形斜杠，黑色禁止标志符号	红底白字
在此工作！	工作地点或检修设备上	250×250 和 80×80	衬底为绿色，中有直径 200mm 和 65mm 白圆圈	黑字，写于白圆圈中
止步，高压危险！	施工地点邻近带电设备的遮栏上；室外工作地点的围栏上；禁止通行的过道上；高压试验地点；室外构架上；工作地点邻近带电设备的横梁上	300×240 和 200×160	白底，黑色正三角形及标志符号，衬底为黄色	黑字
从此上下！	工作人员可以上下的铁架、爬梯上	250×250	衬底为绿色，中有直径 200mm 白圆圈	黑字，写于白圆圈中

表（续）

名称	悬挂处	式样		
		尺寸 mm×mm	颜色	字样
从此进出！	室外工作地点围栏的出入口处	250×250	衬底为绿色，中有直径200mm白圆圈	黑体黑字，写于白圆圈中
禁止攀登，高压危险！	高压配电装置构架的爬梯上，变压器、电抗器等设备的爬梯上	500×400 和 200×160	白底，红色圆形斜杠，黑色禁止标志符号	红底白字

注：在计算机机显示屏上一经合闸即可送电到工作地点的断路器（开关）和隔离开关（刀闸）的操作把手处所设置的"禁止合闸，有人工作！""禁止合闸，线路有人工作！"和"禁止分闸"的标记可参照上表中有关标示牌的式样。

【解读】标示牌用来警告工作人员不得靠近设备的带电部分，表明设备及线路有人工作，提醒工作人员应采取的安全措施，并指出工作地点等。

本规程6.6中要求装设的标示牌有："禁止合闸，有人工作！""禁止合闸，线路有人工作！""禁止分闸！""在此工作！""止步，高压危险！""从此上下！""从此进出！"和"禁止攀登，高压危险！"等八种，对标示牌的悬挂处及朝向都有明确规定。

标示牌应使用相应的通用图形和文字辅助的组合，按照GB 2893—2008《安全色》的规定，分为绿色的安全提示信息，黄色的警告提示信息，红色的禁止提示信息三种。

"在此工作！"和"从此进出！"的标示牌为安全提示信息，颜色均为绿底、中间白色圆圈加相应文字。"止步，高压危险！"标示牌为警告提示信息，颜色为白底、黄衬底、黑边三角形加文字。"禁止合闸，有人工作！""禁止合闸，线路有人工作！""禁止分闸！"和"禁止攀登，高压危险！"等标志牌为禁止提示信息，颜色均为白底、红色圆形斜杠禁止标志符号加相应文字。

现在经常在计算机上进行断路器（开关）和隔离开关（刀闸）的操作，因此，在计算机操作处应设置"禁止合闸，有人工作!""禁止合闸，线路有人工作!"和"禁止分闸!"的标记。

控制盘、保护盘上采用 80mm×80mm 的标示牌。

附 录 K

（资料性附录）

带电作业高架绝缘斗臂车电气试验标准表

带电作业高架绝缘斗臂车电气试验标准表

电压等级 kV	试验部件	试验项目、标准					备注
		交接试验		预防性试验			
		工频耐压	泄漏电流	工频耐压	泄漏电流	沿面放电	
各级电压	单层作业	50kV 1min	—	45kV 1min	—	—	斗浸水中，高出水面200mm
	作业斗内斗	50kV 1min	—	45kV 1min	—	—	
	作业斗外斗	20kV 1min	—	—	0.4m 20kV ≤0.2mA	0.4m 45kV 1min	泄漏电流试验为沿面试验
各级	液压油	油杯：2.5mm 电极，6 次试验平均击穿电压≥20kV，任一单独击穿电压≥10kV					更换、添加的液压油应试验合格
10	上臂（主臂）	0.4m 50kV 1min	—	0.4m 45kV 1min	—	—	耐压试验为整车试验，但在绝缘臂上应增设试验电极
	下臂（套筒）	50kV 1min	—	45kV 1min	—	—	
	整车	—	1.0m 20kV ≤0.5mA	—	1.0m 20kV ≤0.5mA		在绝缘臂上增设试验电极
35	上臂（主臂）	0.6m 105kV 1min	—	0.6m 95kV 1min	—	—	耐压试验为整车试验，但在绝缘臂上应增设试验电极
	下臂（套筒）	50kV 1min	—	45kV 1min	—	—	
	整车	—	1.5m 70kV ≤0.5mA	—	1.5m 70kV ≤0.5mA		在绝缘臂上增设试验电极

表（续）

电压等级 kV	试验部件	试验项目、标准					备注
		交接试验		预防性试验			
		工频耐压	泄漏电流	工频耐压	泄漏电流	沿面放电	
66	上臂（主臂）	0.7m 175kV 1min	—	0.7m 175kV 1min	—	—	耐压试验为整车试验，但在绝缘臂上应增设试验电极
	下臂（套筒）	50kV 1min	—	45kV 1min	—	—	
	整车	—	1.5m 70kV ≤0.5mA	—	1.5m 70kV ≤0.5mA	—	在绝缘臂上增设试验电极。同时，核对泄漏表
110	上臂（主臂）	1.0m 250kV 1min	—	1.0m 220kV 1min	—	—	耐压试验为整车试验，但在绝缘臂上应增设试验电极
	下臂（套筒）	50kV 1min	—	45kV 1min	—	—	
	整车	—	2.0m 126kV ≤0.5mA	—	2.0m 126kV ≤0.5mA	—	在绝缘臂上增设试验电极。同时，核对泄漏表
220	上臂（主臂）	1.8m 450kV 1min	—	1.8m 440kV 1min	—	—	耐压试验为整车试验，但在绝缘臂上应增设试验电极
	下臂（套筒）	50kV 1min	—	45kV 1min	—	—	
	整车	—	3.0m 252kV ≤0.5mA	—	3.0m 252kV ≤0.5mA	—	在绝缘臂上增设试验电极。同时，核对泄漏表

【解读】本表在 2005 年版安规修订时国家和行业均没有相关标准出台，当时选用了绝缘斗臂车生产厂家的企业标准，2009 年版安规修订时也未做修改。GB/T 9465—2008《高空作业车》有相关绝缘斗臂车的试验标准。

附 录 L

（规范性附录）

安全工器具试验项目、周期和要求

安全工器具试验项目、周期和要求

序号	器具	项目	周期	要　求				说明
1	电容型验电器	启动电压试验	1年	启动电压值不高于额定电压的40%，不低于额定电压的15%				试验时接触电极应与试验电极相接触
		工频耐压试验	1年	额定电压 kV	试验长度 m	工频耐压 kV		
						1min	5min	
				10	0.7	45	—	
				35	0.9	95	—	
				66	1.0	175	—	
				110	1.3	220	—	
				220	2.1	440	—	
				330	3.2	—	380	
				500	4.1	—	580	
2	携带型短路接地线	成组直流电阻试验	不超过5年	在各接线鼻之间测量直流电阻，对于25mm²、35mm²、50mm²、70mm²、95mm²、120mm²的各种截面，平均每米的电阻值应分别小于0.79mΩ、0.56mΩ、0.40mΩ、0.28mΩ、0.21mΩ、0.16mΩ				同一批次抽测，不少于2条，接线鼻与软导线压接的应做该试验

表（续）

序号	器具	项目	周期	要求					说明
2	携带型短路接地线	操作棒的工频耐压试验	5年	额定电压 kV	试验长度 m	工频耐压 kV			试验电压加在护环与紧固头之间
							1min	5min	
				10	—		45	—	
				35	—		95	—	
				66	—		175	—	
				110	—		220	—	
				220	—		440	—	
				330	—		—	380	
				500	—		—	580	
3	个人保安线	成组直流电阻试验	不超过5年	在各接线鼻之间测量直流电阻，对于10mm²、16mm²、25mm²各种截面，平均每米的电阻值应小于1.98mΩ、1.24mΩ、0.79mΩ					同一批次抽测，不少于两条
4	绝缘杆	工频耐压试验	1年	额定电压 kV	试验长度 m	工频耐压 kV			
							1min	5min	
				10	0.7		45	—	
				35	0.9		95	—	
				66	1.0		175	—	
				110	1.3		220	—	
				220	2.1		440	—	
				330	3.2		—	380	
				500	4.1		—	580	

表（续）

序号	器具	项目	周期	要 求				说明
5	核相器	连接导线绝缘强度试验	必要时	额定电压 kV	工频耐压 kV		持续时间 min	浸在电阻率小于100Ω·m水中
				10	8		5	
				35	28		5	
		绝缘部分工频耐压试验	1年	额定电压 kV	试验长度 m	工频耐压 kV	持续时间 min	
				10	0.7	45	1	
				35	0.9	95	1	
		电阻管泄漏电流试验	半年	额定电压 kV	工频耐压 kV	持续时间 min	泄漏电流 mA	
				10	10	1	≤2	
				35	35	1	≤2	
		动作电压试验	1年	最低动作电压应达0.25倍额定电压				
6	绝缘罩	工频耐压试验	1年	额定电压 kV	工频耐压 kV		时间 min	
				6～10	30		1	
				35	80		1	
7	绝缘隔板	表面工频耐压试验	1年	额定电压 kV	工频耐压 kV		持续时间 min	电极间距离300mm
				6～35	60		1	

表（续）

序号	器具	项目	周期	要　　求				说明
7	绝缘隔板	工频耐压试验	1年	额定电压 kV	工频耐压 kV	持续时间 min		
				6～10	30	1		
				35	80	1		
8	绝缘胶垫	工频耐压试验	1年	电压等级	工频耐压 kV	持续时间 min		使用于带电设备区域
				高压	15	1		
				低压	3.5	1		
9	绝缘靴	工频耐压试验	半年	工频耐压 kV	持续时间 min	泄漏电流 mA		
				15	1	≤7.5		
10	绝缘手套	工频耐压试验	半年	电压等级	工频耐压 kV	持续时间 min	泄漏电流 mA	
				高压	8	1	≤9	
				低压	2.5	1	≤2.5	
11	导电鞋	直流电阻试验	穿用不超过200h	电阻值小于100kΩ				符合 GB 4385—1995《防静电鞋导电鞋安全技术要求》
12	绝缘夹钳	工频耐压试验	1年	额定电压 kV	试验长度 m	工频耐压 kV	持续时间 min	
				10	0.7	45	1	
				35	0.9	95	1	

表（续）

序号	器具	项目	周期	要　　求	说明
13	绝缘绳	高压	每6个月1次	105kV/0.5m	
注：绝缘安全工器具的试验方法参照《电力安全工器具预防性试验规程（试行）》（国电发〔2002〕777号）的相关内容。					

【解读】不同的专业和工种在进行操作和检修工作时都要使用绝缘安全工器具，为保证操作人员和检修人员的人身安全，绝缘安全工器具应按规定进行预防性试验，以便及时发现缺陷，确保正常使用，符合本规程 4.2.3 的规定。

绝缘安全工器具中"电容型验电器""个人保安线""绝缘杆""核相器""绝缘罩""绝缘隔板""绝缘手套"和"导电鞋"的试验项目、周期和要求采用《电力安全工器具预防性试验规程（试行）》（国电发〔2002〕777号）的内容。"携带型短路接地线"中"成组直流电阻试验"的试验周期、要求和"操作杆工频耐压试验"的试验要求采用《电力安全工器具预防性试验规程（试行）》（国电发〔2002〕777号）的内容，"操作杆工频耐压试验"的试验周期改为 5 年。虽然是在验明设备确已无电压后再装设接地线，且在装设接地线时先接接地端，后接导体端，但当出现意外突然来电、断电设备有剩余电荷或邻近高压带电设备对停电设备产生感应电压时，接地线的操作棒仍要做工频耐压试验，只是试验周期由《电力安全工器具预防性试验规程（试行）》（国电发〔2002〕777号）中的 1 年改为 5 年。"绝缘夹钳"试验项目、周期和要求参照"绝缘杆"的内容。"绝缘靴"和"绝缘绳"试验项目、周期和要求采用 DL 408—1991 中的数据。

绝缘安全工器具的试验方法要求参照《电力安全工器具预防性试验规程（试行）》（国电发〔2002〕777号）的相关内容。

附 录 M
（规范性附录）
登高工器具试验标准表

登高工器具试验标准表

序号	名称	项目	周期	要求			说明
1	安全带	静负荷试验	1年	种类	试验静拉力 N	载荷时间 min	牛皮带试验周期为半年
				围杆带	2205	5	
				围杆绳	2205	5	
				护腰带	1470	5	
				安全绳	2205	5	
2	安全帽	冲击性能试验	按规定期限	受冲击力小于4900N			使用期限：从制造之日起，塑料帽≤2.5年，玻璃钢帽≤3.5年
		耐穿刺性能试验	按规定期限	钢锥不接触头模表面			
3	脚扣	静负荷试验	1年	施加1176N静压力，持续时间5min			
4	升降板	静负荷试验	半年	施加2205N静压力，持续时间5min			
5	竹（木）梯	静负荷试验	半年	施加1765N静压力，持续时间5min			
6	软梯钩梯	静负荷试验	半年	施加4900N静压力，持续时间5min			

表（续）

序号	名称	项目	周期	要　求	说明
7	防坠自锁器	静荷试验	1年	将 15kN 力加载到导轨上，保持 5min	试验标准来自于 GB/T 6096—2009《安全带测试方法》4.7.3.2 和 4.10.3.3 条
		冲击试验	1年	将100kg±1kg荷载用1m长绳索连接在防坠自锁器上，从与防坠自锁器水平位置释放，测试冲击力峰值在 6kN±0.3kN 之间为合格	
8	缓冲器	静荷试验	1年	a）悬垂状态下末端挂5kg 重物，测量缓冲器端点长度。 b）两端受力点之间加载 2kN 保持 2min，卸载 5min 后检查缓冲器是否打开，并在悬垂状态下末端挂 5kg 重物，测量缓冲器端点长度。 计算两次测量结果差，即初始变形，精确至 1mm	试验标准来自于 GB/T 6096—2009《安全带测试方法》4.11.2 条
9	速差自控器	静荷试验	1年	将 15kN 力加载到速差自控器上，保持 5min	试验标准来自于 GB/T 6096—2009《安全带测试方法》4.7.3.3 和 4.10.3.4 条
		冲击试验	1年	将100kg±1kg荷载用1m长绳索连接在速差自控器上，从与速差自控器水平位置释放，测试冲击力峰值在 6kN±0.3kN 之间为合格	

注：安全帽在使用期满后，抽查合格后该批方可继续使用，以后每年抽验一次。登高工器具的试验方法参照《电力安全工器具预防性试验规程（试行）》（国电发〔2002〕777 号）的相关内容。

【解读】登高工器具也应按规定进行预防性试验，以便及时发现缺陷，防止坠落、摔跌等人身事故。

登高工器具中"安全带""安全帽""脚扣""升降板"和"梯子"的试验项目、周期和要求采用《电力安全工器具预防性试验规程（试行）》（国电发〔2002〕777号）的内容。安全帽的使用期以制造之日计算，到使用期限（塑料安全帽为2.5年）需延长使用时间的，应按批抽检，抽检合格后该批安全帽方可继续使用。抽检应从使用条件最严酷场所中抽取，每次抽取两顶安全帽分别做"冲击性能试验"和"耐穿刺性能试验"，如有一顶不合格，则该批安全帽全报废，以后每年抽检一次。其他梯子（如铝合金梯、绝缘材料梯等）也应按"梯子"的要求进行试验。

登高工器具的试验方法要求参照《电力安全工器具预防性试验规程（试行）》（国电发〔2002〕777号）的相关内容。

附 录 N
（规范性附录）
起重机具检查和试验周期、质量参考标准

起重机具检查和试验周期、质量参考标准

编号	起重工具名称	检查与试验质量标准	检查与预防性试验周期
1	白棕绳、纤维绳	检查：绳子光滑、干燥无磨损现象。 试验：以2倍容许工作荷重进行10min的静力试验，不应有断裂和显著的局部延伸现象	每月检查一次； 每年试验一次
2	钢丝绳（起重用）	检查：① 绳扣可靠，无松动现象；② 钢丝绳无严重磨损现象；③ 钢丝断裂根数在规程规定限度以内。 试验：以2倍容许工作荷重进行10min的静力试验，不应有断裂和显著的局部延伸现象	每月检查一次（非常用的钢丝绳在使用前应进行检查）； 每年试验一次
3	合成纤维、吊装带	检查：吊装带外部护套无破损，内芯无断裂。 试验：以2倍容许工作荷重进行12min的静力试验，不应有断裂现象	每月检查一次； 每年试验一次
4	铁链	检查：① 链节无严重锈蚀，无磨损；② 链节无裂纹。 试验：以2倍容许工作荷重进行10min的静力试验，链条不应有断裂、显著的局部延伸及个别链节拉长等现象	每月检查一次； 每年试验一次
5	葫芦（绳子滑车）	检查：① 葫芦滑轮完整灵活；② 滑轮吊杆（板）无磨损现象，开口销完整；③ 吊钩无裂纹、变形；④ 棕绳光滑无任何裂纹现象（如有损伤须经详细鉴定）；⑤ 润滑油充分。 试验：① 新安装或大修后，以1.25倍容许工作荷重进行10min的静力试验后，以1.1倍容许工作荷重作动力试验，不应有裂纹、显著局部延伸现象；② 一般的定期试验，以1.1倍容许工作荷重进行10min的静力试验	每月检查一次； 每年试验一次
6	绳卡、卸扣等	检查：丝扣良好，表面无裂纹。 试验：以2倍容许工作荷重进行10min的静力试验	每月检查一次； 每年试验一次

表（续）

编号	起重工具名称	检查与试验质量标准	检查与预防性试验周期
7	电动及机动绞磨（拖拉机绞磨）	检查：① 齿轮箱完整，润滑良好；② 吊杆灵活，铆接处螺丝无松动或残缺；③ 钢丝绳无严重磨损现象，断丝根数在规程规定范围以内；④ 吊钩无裂纹变形；⑤ 滑轮滑杆无磨损现象；⑥ 滚筒突缘高度至少应比最外层绳索的表面高出该绳索的一个直径，吊钩放在最低位置时，滚筒上至少剩有5圈绳索，绳索固定点良好；⑦ 机械转动部分防护罩完整，开关及电动机外壳接地良好；⑧ 卷扬限制器在吊钩升起距离重构架300mm时自动停止；⑨ 荷重控制器动作正常；⑩ 制动器灵活良好。	六个月检查一次；第③项使用前应进行检查；第⑦～⑩项每月试验检查一次。
		试验：① 新安装的或经过大修的以1.25倍容许工作荷重升起100mm进行10min的静力试验后，以1.1倍许工作荷重作动力试验，制动效能应良好，且无显著的局部延伸；② 一般的定期试验，以1.1倍容许工作荷重进行10min的静力试验	每年试验一次
8	千斤顶	检查：① 顶重头形状能防止物件的滑动；② 螺旋或齿条千斤顶，防止螺杆或齿条脱离丝扣的装置良好；③ 螺纹磨损率不超过20%；④ 螺旋千斤顶，自动制动装置良好。	每年检查一次；
		试验：① 新安装的或经过大修的，以1.25倍容许工作荷重进行10min的静力试验后，以1.1倍容许工作荷重作动力试验，结果不应有裂纹，显著局部延伸现象；② 一般的定期试验，以1.1倍容许工作荷重进行10min的静力试验	每年试验一次
9	吊钩、卡线器、双钩、紧线器	检查：① 无裂纹或显著变形；② 无严重腐蚀、磨损现象；③ 转动部分灵活、无卡涩现象。	半年检查一次；
		试验：以1.25倍容许工作荷重进行10min静力试验，用放大镜或其他方法检查，不应有残余变化、裂纹及裂口	每年试验一次
10	抱杆	检查：① 金属抱杆无弯曲变形、焊口无开焊；② 无严重腐蚀；③ 抱杆帽无裂纹、变形。	每月检查一次、使用前检查；
		试验：以1.25倍容许工作荷重进行10min静力试验	每年试验一次

表（续）

编号	起重工具名称	检查与试验质量标准	检查与预防性试验周期
11	其他起重工具	试验：以≥1.25 倍容许工作荷重进行 10min 静力试验（无标准可依据时）	每年试验一次、使用前检查

注 1：新的起重设备和工具，允许在设备证件发出日起 12 个月内不需重新试验。
注 2：机械和设备在大修后应试验，而不应受预防性试验期限的限制。

【解读】本表所列的线路作业常用起重工器具检查和试验周期、质量参考标准，基本来自于 1994 年颁布的《电业安全工作规程》（热力和机械部分）附录Ⅲ 8，结合本规程中涉及的起重工器具，参考起重规程作了补充完善。

附　录　O

（资料性附录）
线路一级动火工作票格式

线路一级动火工作票格式

盖"合格/不合格"章	盖"已终结/作废"章

线路一级动火工作票

单位（车间）＿＿＿＿＿＿　　编号＿＿＿＿＿＿

1. 动火工作负责人＿＿＿＿＿＿　　班组＿＿＿＿＿＿

2. 动火执行人＿＿＿＿＿＿＿＿＿＿＿＿＿＿＿＿＿＿＿

———————————————————————————

3. 动火地点及设备名称

———————————————————————————

4. 动火工作内容（必要时可附页绘图说明）

———————————————————————————

5. 动火方式*

———————————————————————————

　　* 动火方式可填写焊接、切割、打磨、电钻、使用喷灯等。

6. 申请动火时间

　　自＿＿＿年＿＿月＿＿日＿＿时＿＿分

　　至＿＿＿年＿＿月＿＿日＿＿时＿＿分

7.（设备管理方）应采取的安全措施

———————————————————————————

———————————————————————————

8.（动火作业方）应采取的安全措施

_____

_____

_____

    动火工作票签发人签名_____

    签发日期____年__月__日__时__分

    （动火作业方）消防管理部门负责人签名_____

    （动火作业方）安监部门负责人签名_____

    分管生产的领导或技术负责人（总工程师）签名_____

9. 确认上述安全措施已全部执行

    动火工作负责人签名_____   运维许可人签名_____

    许可时间____年__月__日__时__分

10. 应配备的消防设施和采取的消防措施、安全措施已符合要求。可燃性、易爆气体含量或粉尘浓度测定合格。

    （动火作业方）消防监护人签名_____

    （动火作业方）安监部门负责人签名_____

    （动火作业方）消防管理部门负责人签名_____

    分管生产的领导或技术负责人（总工程师）签名_____

    动火工作负责人签名_____   动火执行人签名_____

    许可动火时间____年__月__日__时__分

11. 动火工作终结

    动火工作于____年__月__日__时__分结束，材料、工具已清理完毕，现场确无残留火种，参与现场动火工作的有关人员已全部撤离，动火工作已结束。

    动火执行人签名_____   （动火作业方）消防监护人签名_____

    动火工作负责人签名_____   运维许可人签名_____

12. 备注

    （1）对应的检修工作票、工作任务单和事故紧急抢修单编号_____

（2）其他事项

附 录 P

（资料性附录）

线路二级动火工作票格式

线路二级动火工作票格式

| 盖"合格/不合格"章 | 盖"已终结/作废"章 |

线路二级动火工作票

单位（车间）_____ 编号_____

1. 动火工作负责人_____ 班组_____

2. 动火执行人_____

3. 动火地点及设备名称

_____

4. 动火工作内容（必要时可附页绘图说明）

_____

_____

5. 动火方式*

_____

　* 动火方式可填写焊接、切割、打磨、电钻、使用喷灯等。

6. 申请动火时间

　　自_____年____月____日____时____分

　　至_____年____月____日____时____分

7. （设备管理方）应采取的安全措施

_____

_____

8.（动火作业方）应采取的安全措施

_____

_____

　　　动火工作票签发人签名_____

　　　签发时间____年__月__日__时__分

　　　消防人员签名_____　　　安监人员签名_____

　　　分管生产的领导或技术负责人（总工程师）签名_____

9. 确认上述安全措施已全部执行

　　　动火工作负责人签名_____　　　运维许可人签名_____

　　　许可时间____年__月__日__时__分

10. 应配备的消防设施和采取的消防措施、安全措施已符合要求。可燃性、
　　　易爆气体含量或粉尘浓度测定合格。

　　　（动火作业方）消防监护人签名_____

　　　（动火作业方）安监人员签名_____

　　　动火工作负责人签名_____　　　动火执行人签名_____

　　　许可动火时间____年__月__日__时__分

11. 动火工作终结

　　　动火工作于____年__月__日__时__分结束，材料、工具已清理完毕，现场确
无残留火种，参与现场动火工作的有关人员已全部撤离，动火工作已结束。

　　　动火执行人签名_____

　　　（动火作业方）消防监护人签名_____

　　　动火工作负责人签名_____　　　运维许可人签名_____

12. 备注

　　　（1）对应的检修工作票、工作任务单和事故紧急抢修单编号_____

　　　（2）其他事项

_____

_____

_____

_____

附 录 Q
（资料性附录）
动火管理级别的划定

一 级 动 火 区

油区和油库围墙内；油管道及与油系统相连的设备，油箱（除此之外的部位列为二级动火区域）；危险品仓库及汽车加油站、液化气站内；变压器、压变、充油电缆等注油设备、蓄电池室（铅酸）；一旦发生火灾可能严重危及人身、设备和电网安全以及对消防安全有重大影响的部位。

二 级 动 火 区

油管道支架及支架上的其他管道；动火地点有可能火花飞溅落至易燃易爆物体附近；电缆沟道（竖井）内、隧道内、电缆夹层；调度室、控制室、通信机房、电子设备间、计算机房、档案室；一旦发生火灾可能危及人身、设备和电网安全以及对消防安全有影响的部位。

附　录　R
（资料性附录）
紧　急　救　护　法

紧　急　救　护　法

R.1　通则

R.1.1　紧急救护的基本原则是在现场采取积极措施，保护伤员的生命，减轻伤情，减少痛苦，并根据伤情需要，迅速与医疗急救中心（医疗部门）联系救治。急救成功的关键是动作快，操作正确。任何拖延和操作错误都会导致伤员伤情加重或死亡。

R.1.2　要认真观察伤员全身情况，防止伤情恶化。发现伤员意识不清、瞳孔扩大无反应、呼吸、心跳停止时，应立即在现场就地抢救，用心肺复苏法支持呼吸和循环，对脑、心重要脏器供氧。心脏停止跳动后，只有分秒必争地迅速抢救，救活的可能才较大。

R.1.3　现场工作人员都应定期接受培训，学会紧急救护法，会正确解脱电源，会心肺复苏法，会止血、会包扎、会固定，会转移搬运伤员，会处理急救外伤或中毒等。

R.1.4　生产现场和经常有人工作的场所应配备急救箱，存放急救用品，并应指定专人经常检查、补充或更换。

R.2　触电急救

R.2.1　触电急救应分秒必争，一经明确心跳、呼吸停止的，立即就地迅速用心肺复苏法进行抢救，并坚持不断地进行，同时及早与医疗急救中心（医疗部门）联系，争取医务人员接替救治。在医务人员未接替救治前，不得放弃现场抢救，更不能只根据没有呼吸或脉搏的表现，擅自判定伤员死亡，放弃抢救。只有医生有权作出伤员死亡的诊断。与医务人员接替时，应提醒医务人员在触电者转移到医院的过程中不得间断抢救。

R.2.2 迅速脱离电源。

R.2.2.1 触电急救，首先要使触电者迅速脱离电源，越快越好。因为电流作用的时间越长，伤害越重。

R.2.2.2 脱离电源，就是要把触电者接触的那一部分带电设备的所有断路器（开关）、隔离开关（刀闸）或其他断路设备断开；或设法将触电者与带电设备脱离开。在脱离电源过程中，救护人员也要注意保护自身的安全。如触电者处于高处，应采取相应措施，防止该伤员脱离电源后自高处坠落形成复合伤。

R.2.2.3 低压触电可采用下列方法使触电者脱离电源：

a) 如果触电地点附近有电源开关或电源插座，可立即拉开开关或拔出插头，断开电源。但应注意到拉线开关或墙壁开关等只控制一根线的开关，有可能因安装问题只能切断零线而没有断开电源的相线。

b) 如果触电地点附近没有电源开关或电源插座（头），可用有绝缘柄的电工钳或有干燥木柄的斧头切断电线，断开电源。

c) 当电线搭落在触电者身上或压在身下时，可用干燥的衣服、手套、绳索、皮带、木板、木棒等绝缘物作为工具，拉开触电者或挑开电线，使触电者脱离电源。

d) 如果触电者的衣服是干燥的，又没有紧缠在身上，可以用一只手抓住他的衣服，拉离电源。但因触电者的身体是带电的，其鞋的绝缘也可能遭到破坏，救护人不得接触触电者的皮肤，也不能抓他的鞋。

e) 若触电发生在低压带电的架空线路上或配电台架、进户线上，对可立即切断电源的，则应迅速断开电源，救护者迅速登杆或登至可靠地方，并做好自身防触电、防坠落安全措施，用带有绝缘胶柄的钢丝钳、绝缘物体或干燥不导电物体等工具将触电者脱离电源。

R.2.2.4 高压触电可采用下列方法之一使触电者脱离电源：

a) 立即通知有关供电单位或用户停电。

b) 戴上绝缘手套，穿上绝缘靴，用相应电压等级的绝缘工具按顺序拉开电源开关或熔断器。

c) 抛掷裸金属线使线路短路接地，迫使保护装置动作，断开电源。注意抛掷金属线之前，应先将金属线的一端固定可靠接地，然后另一端系上重物抛掷，注意抛掷的一端不可触及触电者和其他人。另外，抛掷者抛出线后，要迅速离开接地的金属线 8m 以外或双腿并拢站立，防止跨步电压伤人。在抛掷短路线时，应注意防止电弧伤人或断线危及人员安全。

R.2.2.5 脱离电源后救护者应注意的事项：

a) 救护人不可直接用手、其他金属及潮湿的物体作为救护工具，而应使用适当的绝缘工具。救护人最好用一只手操作，以防自己触电。

b) 防止触电者脱离电源后可能的摔伤，特别是当触电者在高处的情况下，应考虑防止坠落的措施。即使触电者在平地，也要注意触电者倒下的方向，注意防摔。救护者也应注意救护中自身的防坠落、摔伤措施。

c) 救护者在救护过程中特别是在杆上或高处抢救伤者时，要注意自身和被救者与附近带电体之间的安全距离，防止再次触及带电设备。电气设备、线路即使电源已断开，对未做安全措施挂上接地线的设备也应视作有电设备。救护人员登高时应随身携带必要的绝缘工具和牢固的绳索等。

d) 如事故发生在夜间，应设置临时照明灯，以便于抢救，避免意外事故，但不能因此延误切除电源和进行急救的时间。

R.2.2.6 现场就地急救。

触电者脱离电源以后，现场救护人员应迅速对触电者的伤情进行判断，对症抢救。同时设法联系医疗急救中心（医疗部门）的医生到现场接替救治。要根据触电伤员的不同情况，采用不同的急救方法。

a）触电者神志清醒、有意识，心脏跳动，但呼吸急促、面色苍白，或曾一度电休克、但未失去知觉。此时不能用心肺复苏法抢救，应将触电者抬到空气新鲜、通风良好的地方躺下，安静休息 1h～2h，让他慢慢恢复正常。天凉时要注意保温，并随时观察呼吸、脉搏变化。条件允许，送医院进一步检查。

b）触电者神志不清，判断意识无，有心跳，但呼吸停止或极微弱时，应立即用仰头抬颏法，使气道开放，并进行口对口人工呼吸。此时切记不能对触电者施行心脏按压。如此时不及时用人工呼吸法抢救，触电者将会因缺氧过久而引起心跳停止。

c）触电者神志丧失，判定意识无，心跳停止，但有极微弱的呼吸时，应立即施行心肺复苏法抢救。不能认为尚有微弱呼吸，只需做胸外按压，因为这种微弱呼吸已起不到人体需要的氧交换作用，如不及时人工呼吸即会发生死亡，若能立即施行口对口人工呼吸法和胸外按压，就有可能抢救成功。

d）触电者心跳、呼吸停止时，应立即进行心肺复苏法抢救，不得延误或中断。

e）触电者和雷击伤者心跳、呼吸停止，并伴有其他外伤时，应先迅速进行心肺复苏急救，然后再处理外伤。

f）发现杆塔上或高处有人触电，要争取时间及早在杆塔上或高处开始抢救。触电者脱离电源后，应迅速将伤

员扶卧在救护人的安全带上（或在适当地方躺平），然
后根据伤者的意识、呼吸及颈动脉搏动情况来进行前
a）～e）项不同方式的急救。应提醒的是高处抢救触
电者，迅速判断其意识和呼吸是否存在是十分重要的。
若呼吸已停止，开放气道后立即口对口（鼻）吹气 2
次，再测试颈动脉，如有搏动，则每 5s 继续吹气 1 次；
若颈动脉无搏动，可用空心拳头叩击心前区 2 次，促
使心脏复跳。为使抢救更为有效，应立即设法将伤员
营救至地面，并继续按心肺复苏法坚持抢救。具体操
作方法见图 R.1。

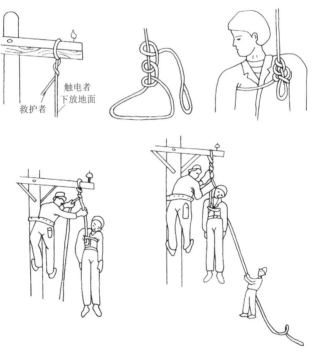

图 R.1 杆塔上或高处触电者放下方法

1) 单人营救法。首先在杆上安装绳索，将绳子的一端固定在杆上，固定时绳子要绕 2 圈～3 圈，绳子的另一端放在伤员的腋下，绑的方法要先用柔软的物品垫在腋下，然后用绳子绕 1 圈，打 3 个扣结，绳头塞进伤员腋旁的圈内并压紧，绳子的长度应为杆的 1.2 倍～1.5 倍，最后将伤员的脚扣和安全带松开，再解开固定在电杆上的绳子，缓缓将伤员放下。

2) 双人营救法。该方法基本与单人营救方法相同，只是绳子的另一端由杆下人员握住缓缓下放，此时绳子要长一些，应为杆高的 2.2 倍～2.5 倍，营救人员要协调一致，防止杆上人员突然松手，杆下人员没有准备而发生意外。

g) 触电者衣服被电弧光引燃时，应迅速扑灭其身上的火源，着火者切忌跑动，方法可利用衣服、被子、湿毛巾等扑火，必要时可就地躺下翻滚，使火扑灭。

R.2.3 伤员脱离电源后的处理。

R.2.3.1 判断意识、呼救和体位放置：

R.2.3.1.1 判断伤员有无意识的方法：

a) 轻轻拍打伤员肩部，高声喊叫，"喂！你怎么啦?"，如图 R.2 所示。

b) 如认识，可直呼喊其姓名。有意识，立即送医院。

c) 眼球固定、瞳孔散大，无反应时，立即用手指甲掐压人中穴、合谷穴约 5s。

注意：以上 3 步动作应在 10s 以内完成，不可太长，伤员如出现眼球活动、四肢活动及疼痛感后，应即停止掐压穴位，拍打肩部不可用力太重，以防加重可能存在的骨折等损伤。

R.2.3.1.2 呼救：

一旦初步确定伤员意识丧失，应立即招呼周围的人前来协助抢救，哪怕周围无人，也应该大叫"来人啊！救命啊!"，如图 R.3

所示。

图 R.2　判断伤员有无意识　　图 R.3　呼救

注意：一定要呼叫其他人来帮忙，因为一个人做心肺复苏术不可能坚持较长时间，而且劳累后动作易走样。叫来的人除协助做心肺复苏外，还应立即打电话给救护站或呼叫受过救护训练的人前来帮忙。

R.2.3.1.3　放置体位。

正确的抢救体位是仰卧位。患者头、颈、躯干平卧无扭曲，双手放于两侧躯干旁。

如伤员摔倒时面部向下，应在呼救同时小心地将其转动，使伤员全身各部成一个整体。尤其要注意保护颈部，可以一手托住颈部，另一手扶着肩部，以脊柱为轴心，使伤员头、颈、躯干平稳地直线转至仰卧，在坚实的平面上，四肢平放，如图R.4所示。

图 R.4　放置伤员

注意：抢救者跪于伤员肩颈侧旁，将其手臂举过头，拉直双腿，注意保护颈部。解开伤员上衣，暴露胸部（或仅留内衣），冷天要注意使其保暖。

R.2.3.2　通畅气道、判断呼吸与人工呼吸。

R.2.3.2.1　当发现触电者呼吸微弱或停止时，应立即通畅触电者的气道以促进触电者呼吸或便于抢救。通畅气道主要采用仰头举颏法。即一手置于前额使头部后仰，另一手的食指与中指置于下颌骨近下颏角处，抬起下颏，如图 R.5 和图 R.6 所示。

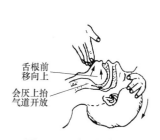

图 R.5　仰头举颏法　　　图 R.6　抬起下颏法

注意：严禁用枕头等物垫在伤员头下；手指不要压迫伤员颈前部、颏下软组织，以防压迫气道，颈部上抬时不要过度伸展，有假牙托者应取出。儿童颈部易弯曲，过度抬颈反而使气道闭塞，因此不要抬颈牵拉过甚。成人头部后仰程度应为 90°，儿童头部后仰程度应为 60°，婴儿头部后仰程度应为 30°，颈椎有损伤的伤员应采用双下颌上提法。

检查伤员口、鼻腔，如有异物立即用手指清除。

R.2.3.2.2　判断呼吸。

触电伤员如意识丧失，应在开放气道后 10s 内用看、听、试的方法判定伤员有无呼吸，见图 R.7。

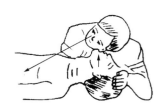

图 R.7　看、听、试伤员呼吸

　a)　看：看伤员的胸、腹壁有无呼吸起伏动作。

　b)　听：用耳贴近伤员的口鼻处，听有无呼气声音。

　c)　试：用颜面部的感觉测试口鼻部有无呼气气流。

若无上述体征可确定无呼吸。一旦确定无呼吸后，立即进行两次人工呼吸。

R.2.3.2.3 口对口（鼻）呼吸。

当判断伤员确实不存在呼吸时，应立即进行口对口（鼻）的人工呼吸，其具体方法是：

a) 在保持呼吸通畅的位置下进行。用按于前额一手的拇指与食指，捏住伤员鼻孔（或鼻翼）下端，以防气体从口腔内经鼻孔逸出，施救者深吸一口气屏住并用自己的嘴唇包住（套住）伤员微张的嘴。

b) 每次向伤员口中吹（呵）气持续 1s～1.5s，同时仔细地观察伤员胸部有无起伏，如无起伏，说明气未吹进，如图 R.8 所示。

c) 一次吹气完毕后，应即与伤员口部脱离，轻轻抬起头部，面向伤员胸部，吸入新鲜空气，以便做下一次人工呼吸。同时使伤员的口张开，捏鼻的手也可放松，以便伤员从鼻孔通气，观察伤员胸部向下恢复时，则有气流从伤员口腔排出，如图 R.9 所示。

 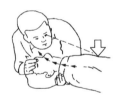

图 R.8 口对口吹气 　　　图 R.9 口对口吸气

抢救一开始，应即向伤员先吹气两口，吹气时胸廓隆起者，人工呼吸有效；吹气无起伏者，则气道通畅不够，或鼻孔处漏气，或吹气不足，或气道有梗阻，应及时纠正。

注意：① 每次吹气量不要过大，约 600mL（6mL/kg～7mL/kg），大于1200mL会造成胃扩张；② 吹气时不要按压胸部，如图 R.10 所示；③ 儿童伤员需视年龄不同而异，其吹气量约为500mL，以胸廓能上抬时为宜；④ 抢救一开始的首次吹气两次，每次时间为 1s～1.5s；⑤ 有脉搏无呼吸的伤员，则每 5s 吹一口气，每分钟吹气 12 次；⑥ 口对鼻的人工呼吸，适用于有严重的下颌及嘴唇外伤，牙关紧闭，下颌骨骨折等情况的伤员，难以采用口对口吹气法；⑦ 婴、幼儿急救操作时要注意，因婴、幼儿韧带、肌肉松弛，故头不可过度后仰，以免气管受压，影响气道通畅，可用一手托颈，以保持气道平直；另一方面婴、幼儿口鼻开口均较小，位置又很靠近，抢救者可用口贴住婴、幼儿口与鼻的开口处，施行口对口鼻呼吸。

R.2.3.3 判断伤员有无脉搏与胸外心脏按压。

R.2.3.3.1 脉搏判断。

在检查伤员的意识、呼吸、气道之后，应对伤员的脉搏进行检查，以判断伤员的心脏跳动情况（非专业救护人员可不进行脉搏检查，对无呼吸、无反应、无意识的伤员立即实施心肺复苏）。具体方法如下：

a) 在开放气道的位置下进行（首次人工呼吸后）。

b) 一手置于伤员前额，使头部保持后仰，另一手在靠近抢救者一侧触摸颈动脉。

c) 可用食指及中指指尖先触及气管正中部位，男性可先触及喉结，然后向两侧滑移 2cm～3cm，在气管旁软组织处轻轻触摸颈动脉搏动，如图 R.11 所示。

图 R.10　吹时不要压胸部　　　图 R.11　触摸颈动脉搏动

注意：① 触摸颈动脉不能用力过大，以免推移颈动脉，妨碍触及；② 不要同时触摸两侧颈动脉，造成头部供血中断；③ 不要压迫气管,造成呼吸道阻塞;④ 检查时间不要超过 10s;⑤ 未触及搏动:心跳已停止,或触摸位置有错误;触及搏动:有脉搏、心跳,或触摸感觉错误(可能将自己手指的搏动感觉为伤员脉搏);⑥ 判断应综合审定:如无意识,无呼吸,瞳孔散大,面色紫绀或苍白,再加上触不到脉搏,可以判定心跳已经停止;⑦ 婴、幼儿因颈部肥胖,颈动脉不易触及,可检查肱动脉。肱动脉位于上臂内侧腋窝和肘关节之间的中点,用食指和中指轻压在内侧,即可感觉到脉搏。

R.2.3.3.2 胸外心脏按压。

在对心跳停止者未进行按压前,先手握空心拳,快速垂直击打伤员胸前区胸骨中下段 1 次~2 次,每次 1s~2s,力量中等,若无效,则立即胸外心脏按压,不能耽误时间。

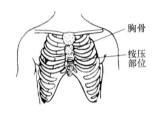

图 R.12 胸外按压位置

a) 按压部位。胸骨中 1/3 与下 1/3 交界处,如图 R.12 所示。

b) 伤员体位。伤员应仰卧于硬板床或地上。如为弹簧床,则应在伤员背部垫一硬板。硬板长度及宽度应足够大,以保证按压胸骨时,伤员身体不会移动。但不可因找寻垫板而延误开始按压的时间。

c) 快速测定按压部位的方法。快速测定按压部位可分 5 个步骤,如图 R.13 所示。

   1) 首先触及伤员上腹部,以食指及中指沿伤员肋弓处向中间移滑,如图 R.13a) 所示。

   2) 在两侧肋弓交点处寻找胸骨下切迹。以切迹作为定位标志,不要以剑突下定位,如图 R.13b) 所示。

   3) 然后将食指及中指两横指放在胸骨下切迹上方,食指上方的胸骨正中部即为按压区,如图 R.13c)

所示。

4） 以另一手的掌根部紧贴食指上方，放在按压区，如图 R.13d）所示。

5） 再将定位之手取下，重叠将掌根放于另一手背上，两手手指交叉抬起，使手指脱离胸壁，如图 R.13e）所示。

d） 按压姿势。正确的按压姿势，如图 R.14 所示。抢救者双臂绷直，双肩在伤员胸骨上方正中，靠自身重量垂直向下按压。

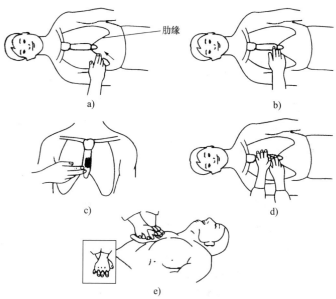

a）二指沿肋弓向中移滑；b）切迹定位标志；c）按压区；

d）掌根部放在按压区；e）重叠掌根

图 R.13 快速测定按压部位

e） 按压用力方式如图 R.15 所示。

1） 按压应平稳，有节律地进行，不能间断。

2） 不能冲击式的猛压。

3） 下压及向上放松的时间应相等，如图 R.15 所示。压按至最低点处，应有一明显的停顿。

4） 垂直用力向下，不要左右摆动。

5） 放松时定位的手掌根部不要离开胸骨定位点，但应尽量放松，务必使胸骨不受任何压力。

f） 按压频率。按压频率应保持在 100 次/min。

g） 按压与人工呼吸比例。按压与人工呼吸的比例关系通常是，成人为 30:2，婴儿、儿童为 15:2。

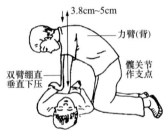
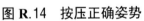
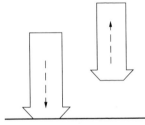

图 R.14　按压正确姿势　　　图 R.15　按压用力方式

h） 按压深度。通常，成人伤员为 4cm～5cm，5 岁～13 岁伤员为 3cm，婴幼儿伤员为 2cm。

i） 胸外心脏按压常见的错误。

1） 按压除掌根部贴在胸骨外，手指也压在胸壁上，这容易引起骨折（肋骨或肋软骨）。

2） 按压定位不正确，向下易使剑突受压折断而致肝破裂。向两侧易致肋骨或肋软骨骨折，导致气胸、血胸。

3） 按压用力不垂直，导致按压无效或肋软骨骨折，特别是摇摆式按压更易出现严重并发症，如图 R.16a）所示。

4） 抢救者按压时肘部弯曲，因而用力不够，按压深度达不到 3.8cm～5cm，如图 R.16b）所示。

5）按压冲击式，猛压，其效果差，且易导致骨折。

6）放松时抬手离开胸骨定位点，造成下次按压部位错误，引起骨折。

7）放松时未能使胸部充分松弛，胸部仍承受压力，使血液难以回到心脏。

8）按压速度不自主的加快或减慢，影响按压效果。

9）双手掌不是重叠放置，而是交叉放置，如图 R.16c）所示胸外心脏按压常见错误。

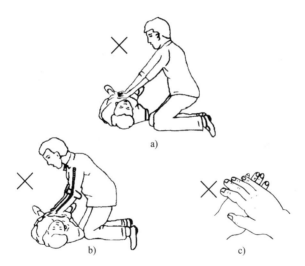

a）按压用力不垂直；b）按压深度不够；c）双手掌交叉放置

图 R.16　胸外心脏按压常见错误

R.2.4　心肺复苏法综述。

R.2.4.1　操作过程有以下步骤：

a）首先判断昏倒的人有无意识。

b）如无反应，立即呼救，叫"来人啊！救命啊！"等。

c）迅速将伤员放置于仰卧位，并放在地上或硬板上。

d)　开放气道（① 仰头举颏或颌；② 清除口、鼻腔异物）。

e)　判断伤员有无呼吸（通过看、听和感觉来进行）。

f)　如无呼吸，立即口对口吹气两口。

g)　保持头后仰，另一手检查颈动脉有无搏动。

h)　如有脉搏，表明心脏尚未停跳，可仅做人工呼吸，每分钟 12 次～16 次。

i)　如无脉搏，立即在正确定位下在胸外按压位置进行心前区叩击 1 次～2 次。

j)　叩击后再次判断有无脉搏，如有脉搏即表明心跳已经恢复，可仅做人工呼吸即可。

k)　如无脉搏，立即在正确的位置进行胸外按压。

l)　每做 30 次按压，需做 2 次人工呼吸，然后再在胸部重新定位，再做胸外按压，如此反复进行，直到协助抢救者或专业医务人员赶来。按压频率为 100 次/min。

m)　开始 2min 后检查一次脉搏、呼吸、瞳孔，以后每 4min～5min 检查一次，检查不超过 5s，最好由协助抢救者检查。

n)　如有担架搬运伤员，应该持续做心肺复苏，中断时间不超过 5s。

R.2.4.2　心肺复苏操作的时间要求：

0s～5s：判断意识。

5s～10s：呼救并放好伤员体位。

10s～15s：开放气道，并观察呼吸是否存在。

15s～20s：口对口呼吸 2 次。

20s～30s：判断脉搏。

30s～50s：进行胸外心脏按压 30 次，并再人工呼吸 2 次，以后连续反复进行。

以上程序尽可能在 50s 以内完成，最长不宜超过 1min。

R.2.4.3　双人复苏操作要求：

a) 两人应协调配合，吹气应在胸外按压的松弛时间内完成。

b) 按压频率为 100 次/min。

c) 按压与呼吸比例为 30:2，即 30 次心脏按压后，进行 2 次人工呼吸。

d) 为达到配合默契，可由按压者数口诀"1、2、3、4、…、29、吹"，当吹气者听到"29"时，做好准备，听到"吹"后，即向伤员嘴里吹气，按压者继而重数口诀"1、2、3、4、…、29、吹"，如此周而复始循环进行。

e) 人工呼吸者除需通畅伤员呼吸道、吹气外，还应经常触摸其颈动脉和观察瞳孔等，如图 R.17 所示。

R.2.4.4 心肺复苏法注意事项：

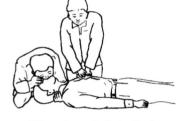

图 R.17 双人复苏法

a) 吹气不能在向下按压心脏的同时进行。数口诀的速度应均衡，避免快慢不一。

b) 操作者应站在触电者侧面便于操作的位置，单人急救时应站立在触电者的肩部位置；双人急救时，吹气人应站在触电者的头部，按压心脏者应站在触电者胸部、与吹气者相对的一侧。

c) 人工呼吸者与心脏按压者可以互换位置，互换操作，但中断时间不超过 5s。

d) 第二抢救者到现场后，应首先检查颈动脉搏动，然后再开始做人工呼吸。如心脏按压有效，则应触及到搏动，如不能触及，应观察心脏按压者的技术操作是否正确，必要时应增加按压深度及重新定位。

e) 可以由第三抢救者及更多的抢救人员轮换操作，以保持精力充沛、姿势正确。

R.2.5 心肺复苏的有效指标、转移和终止。

R.2.5.1 心肺复苏的有效指标。

心肺复苏术操作是否正确，主要靠平时严格训练，掌握正确的方法。而在急救中判断复苏是否有效，可以根据以下五方面综合考虑：

    a) 瞳孔。复苏有效时，可见伤员瞳孔由大变小。如瞳孔由小变大、固定、角膜混浊，则说明复苏无效。

    b) 面色（口唇）。复苏有效，可见伤员面色由紫绀转为红润，如若变为灰白，则说明复苏无效。

    c) 颈动脉搏动。按压有效时，每一次按压可以摸到一次搏动，如若停止按压，搏动亦消失，应继续进行心脏按压；如若停止按压后，脉搏仍然跳动，则说明伤员心跳已恢复。

    d) 神志。复苏有效，可见伤员有眼球活动，睫毛反射与对光反射出现，甚至手脚开始抽动，肌张力增加。

    e) 出现自主呼吸。伤员自主呼吸出现，并不意味可以停止人工呼吸。如果自主呼吸微弱，仍应坚持口对口呼吸。

R.2.5.2 转移和终止。

R.2.5.2.1 转移。在现场抢救时，应力争抢救时间，切勿为了方便或让伤员舒服去移动伤员，从而延误现场抢救的时间。

现场心肺复苏应坚持不断地进行，抢救者不得频繁更换，即使送往医院途中也应继续进行。鼻导管给氧绝不能代替心肺复苏术。如需将伤员由现场移往室内，中断操作时间不得超过 7s；通道狭窄、上下楼层、送上救护车等的操作中断不得超过 30s。

将心跳、呼吸恢复的伤员用救护车送医院时，应在伤员背部放一块长、宽适当的硬板，以备随时进行心肺复苏。将伤员送到医院而专业人员尚未接手前，仍应继续进行心肺复苏。

R.2.5.2.2 终止。何时终止心肺复苏是一个涉及医疗、社会、道德等方面的问题。不论在什么情况下，终止心肺复苏，决定于医

生，或医生组成的抢救组的首席医生。否则不得放弃抢救。高压
或超高压电击的伤员心跳、呼吸停止，更不得随意放弃抢救。

R.2.5.3 电击伤伤员的心脏监护。

被电击伤并经过心肺复苏抢救成功的电击伤员，都应让其充
分休息，并在医务人员指导下进行不少于 48h 的心脏监护。因为
伤员在被电击过程中，由于电压、电流、频率的直接影响和组织
损伤而产生的高钾血症，以及由于缺氧等因素，引起的心肌损害
和心律失常，经过心肺复苏抢救，在心跳恢复后，有的伤员还可
能会出现"继发性心跳骤停"，故应进行心脏监护，以对心律失常
和高钾血症的伤员及时予以治疗。

对前面详细介绍的各项操作，现场心肺复苏法应进行的抢救
步骤可归纳如图 R.18 所示。

R.2.6 抢救过程注意事项。

R.2.6.1 抢救过程中的再判定：

  a） 按压吹气 2min 后（相当于单人抢救时做了 5 个 30:2 压
      吹循环），应用看、听、试方法在 5s～10s 时间内完成对
      伤员呼吸和心跳是否恢复的再判定。

  b） 若判定颈动脉已有搏动但无呼吸，则暂停胸外按压，而
      再进行 2 次口对口人工呼吸，接着每 5s 吹气一次（即
      每分钟 12 次）。如脉搏和呼吸均未恢复，则继续坚持心
      肺复苏法抢救。

  c） 抢救过程中，要每隔数分钟再判定一次，每次判定时间
      均不得超过 5s～10s。在医务人员未接替抢救前，现场
      抢救人员不得放弃现场抢救。

R.2.6.2 现场触电抢救，对采用肾上腺素等药物应持慎重态度。
如没有必要的诊断设备条件和足够的把握，不得乱用。在医院内
抢救触电者时，由医务人员经医疗仪器设备诊断，根据诊断结果
决定是否采用。

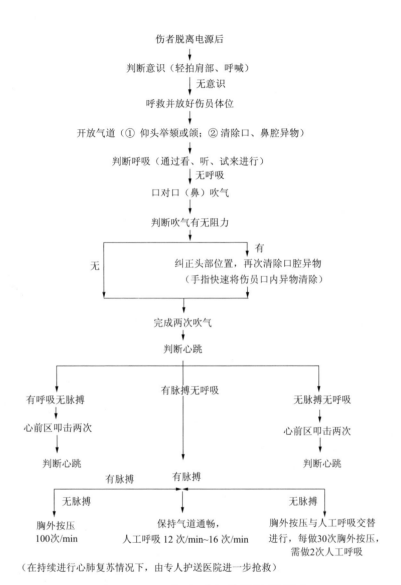

（在持续进行心肺复苏情况下，由专人护送医院进一步抢救）

图 R.18 现场心肺复苏的抢救程序

R.3 创伤急救

R.3.1 创伤急救的基本要求。

R.3.1.1 创伤急救原则上是先抢救、后固定、再搬运，并注意采取措施，防止伤情加重或污染。需要送医院救治的，应立即做好保护伤员措施后送医院救治。急救成功的条件是：动作快、操作正确，任何延迟和误操作均可加重伤情，并可导致死亡。

R.3.1.2 抢救前先使伤员安静躺平，判断全身情况和受伤程度，如有无出血、骨折和休克等。

R.3.1.3 外部出血立即采取止血措施，防止失血过多而休克。外观无伤，但呈休克状态，神志不清或昏迷者，要考虑胸腹部内脏或脑部受伤的可能性。

R.3.1.4 为防止伤口感染，应用清洁布片覆盖。救护人员不得用手直接接触伤口，更不得在伤口内填塞任何东西或随便用药。

R.3.1.5 搬运时应使伤员平躺在担架上，腰部束在担架上，防止跌下。平地搬运时伤员头部在后，上楼、下楼、下坡时头部在上，搬运中应严密观察伤员，防止伤情突变。伤员搬运时的方法如图 R.19 所示。

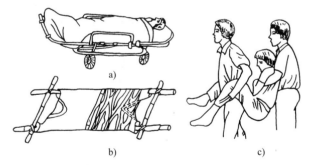

a）正常担架；b）临时担架及木板；c）错误搬运

图 R.19　搬运伤员

R.3.1.6 若怀疑伤员有脊椎损伤（高处坠落者），在放置体位及搬运时必须保持脊柱不扭曲、不弯曲，应将伤员平卧在硬质平板上，并设法用沙土袋（或其他代替物）放置头部及躯干两侧以适当固定之，以免引起截瘫。

R.3.2 止血。

R.3.2.1 伤口渗血：用较伤口稍大的消毒纱布数层覆盖伤口，然后进行包扎。

若包扎后仍有较多渗血，可再加绷带适当加压止血。

图 R.20 止血带

R.3.2.2 伤口出血呈喷射状或鲜红血液涌出时，立即用清洁手指压迫出血点上方（近心端），使血流中断，并将出血肢体抬高或举高，以减少出血量。

R.3.2.3 用止血带或弹性较好的布带等止血时（见图 R.20），应先用柔软布片或伤员的衣袖等数层垫在止血带下面，再扎紧止血带以刚使肢端动脉搏动消失为度。上肢每 60min、下肢每 80min 放松一次，每次放松 1min～2min。开始扎紧与每次放松的时间均应书面标明在止血带旁。扎紧时间不宜超过 4h。不要在上臂中 1/3 处和窝下使用止血带，以免损伤神经。若放松时观察已无大出血可暂停使用。

R.3.2.4 严禁用电线、铁丝、细绳等作止血带使用。

R.3.2.5 高处坠落、撞击、挤压可能有胸腹内脏破裂出血。受伤者外观无出血但常表现面色苍白，脉搏细弱、气促，冷汗淋漓，四肢厥冷，烦躁不安，甚至神志不清等休克状态，应迅速躺平，抬高下肢（见图 R.21），保持温暖，速送医院救治。若送院途中时间较长，可给伤员饮用少量糖盐水。

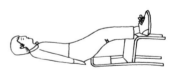

图 R.21 抬高下肢

R.3.3 骨折急救。

R.3.3.1 肢体骨折可用夹板或木棍、竹竿等将断骨上、下方两个关节固定，见图 R.22，也可利用伤员身体进行固定，避免骨折部位移动，以减少疼痛，防止伤势恶化。

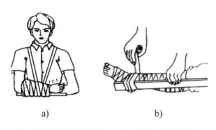

a)   b)

a）上肢骨折固定；b）下肢骨折固定

图 R.22　骨折固定方法

开放性骨折，伴有大出血者，先止血、再固定，并用干净布片覆盖伤口，然后速送医院救治。切勿将外露的断骨推回伤口内。

R.3.3.2 疑有颈椎损伤，在使伤员平卧后，用沙土袋（或其他代替物）放置头部两侧（见图 R.23）使颈部固定不动。应进行口对口呼吸时，只能采用抬颏使气道通畅，不能再将头部后

图 R.23　颈椎骨折固定

仰移动或转动头部，以免引起截瘫或死亡。

R.3.3.3 腰椎骨折应将伤员平卧在平硬木板上，并将腰椎躯干及两侧下肢一同进行固定预防瘫痪（见图 R.24）。搬动时应数人合作，保持平稳，不能扭曲。

R.3.4 颅脑外伤。

R.3.4.1 应使伤员采取平卧位，保持气道通畅，若有呕吐，应扶好头部和身体，使头部和身体同时侧转，防止呕吐物造成窒息。

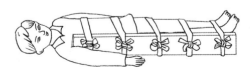

图 R.24　腰椎骨折固定

R.3.4.2 耳鼻有液体流出时，不要用棉花堵塞，只可轻轻拭去，以利降低颅内压力。也不可用力擤鼻，排除鼻内液体，或将液体再吸入鼻内。

R.3.4.3 颅脑外伤时，病情可能复杂多变，禁止给予饮食，速送医院诊治。

R.3.5 烧伤急救。

R.3.5.1 电灼伤、火焰烧伤或高温气、水烫伤均应保持伤口清洁。伤员的衣服鞋袜用剪刀剪开后除去。伤口全部用清洁布片覆盖，防止污染。四肢烧伤时，先用清洁冷水冲洗，然后用清洁布片或消毒纱布覆盖送医院。

R.3.5.2 强酸或碱灼伤应迅速脱去被溅染衣物，现场立即用大量清水彻底冲洗，要彻底，然后用适当的药物给予中和；冲洗时间不少于 10min；被强酸烧伤应用 5%碳酸氢钠（小苏打）溶液中和；被强碱烧伤应用 0.5%～5%醋酸溶液或 5%氯化铵或 10%枸橼酸液中和。

R.3.5.3 未经医务人员同意，灼伤部位不宜敷搽任何东西和药物。

R.3.5.4 送医院途中，可给伤员多次少量口服糖盐水。

R.3.6 冻伤急救。

R.3.6.1 冻伤使肌肉僵直，严重者深及骨骼，在救护搬运过程中动作要轻柔，不要强使其肢体弯曲活动，以免加重损伤，应使用担架，将伤员平卧并抬至温暖室内救治。

R.3.6.2 将伤员身上潮湿的衣服剪去后用干燥柔软的衣服覆盖，不得烤火或搓雪。

R.3.6.3 全身冻伤者呼吸和心跳有时十分微弱，不得误认为死亡，应努力抢救。

R.3.7 动物咬伤急救。

R.3.7.1 毒蛇咬伤后，不要惊慌、奔跑、饮酒，以免加速蛇毒在人体内扩散。

R.3.7.1.1 咬伤大多在四肢，应迅速从伤口上端向下方反复挤出毒液，然后在伤口上方（近心端）用布带扎紧，将伤肢固定，避免活动，以减少毒液的吸收。

R.3.7.1.2 有蛇药时可先服用，再送往医院救治。

R.3.7.2 犬咬伤。

R.3.7.2.1 犬咬伤后应立即用浓肥皂水或清水冲洗伤口至少15min，同时用挤压法自上而下将残留伤口内唾液挤出，然后再用碘酒涂搽伤口。

R.3.7.2.2 少量出血时，不要急于止血，也不要包扎或缝合伤口。

R.3.7.2.3 尽量设法查明该犬是否为"疯狗"，对医院制订治疗计划有较大帮助。

R.3.8 溺水急救。

R.3.8.1 发现有人溺水应设法迅速将其从水中救出，呼吸心跳停止者用心肺复苏法坚持抢救。曾受水中抢救训练者在水中即可抢救。

R.3.8.2 口对口人工呼吸因异物阻塞发生困难，而又无法用手指除去时，可用两手相叠，置于脐部稍上正中线上（远离剑突）迅速向上猛压数次，使异物退出，但也不能用力太大。

R.3.8.3 溺水死亡的主要原因是窒息缺氧。由于淡水在人体内能很快经循环吸收，而气管能容纳的水量很少，因此在抢救溺水者时不得"倒水"而延误抢救时间，更不得仅"倒水"而不用心肺复苏法进行抢救。

R.3.9 高温中暑急救。

R.3.9.1 烈日直射头部，环境温度过高，饮水过少或出汗过多等可以引起中暑现象，其症状一般为恶心、呕吐、胸闷、眩晕、嗜睡、虚脱，严重时抽搐、惊厥甚至昏迷。

R.3.9.2 应立即将病员从高温或日晒环境转移到阴凉通风处休息。用冷水擦浴，湿毛巾覆盖身体，电扇吹风，或在头部放置冰袋等方法降温，并及时给病员口服盐水。严重者送医院治疗。

R.3.10 有害气体中毒急救。

R.3.10.1 气体中毒开始时有流泪、眼痛、呛咳、咽部干燥等症状，应引起警惕。稍重时会头痛、气促、胸闷、眩晕。严重时会引起惊厥昏迷。

R.3.10.2 怀疑可能存在有害气体时，应立即将人员撤离现场，转移到通风良好处休息。抢救人员进入险区应戴防毒面具。

R.3.10.3 已昏迷病员应保持气道通畅，有条件时给予氧气吸入。呼吸心跳停止者，按心肺复苏法抢救，并联系医院救治。

R.3.10.4 迅速查明有害气体的名称，供医院及早对症治疗。

国家电网公司电力安全工作规程
线 路 部 分

编 制 说 明

目　　次

《国家电网公司电力安全工作规程 线路部分》是为加强电力生产现场管理，规范各类工作人员的行为，保证人身、电网和设备安全而制定的，编制工作说明如下：

一、编制背景

2005 年完成修订出版的《国家电网公司电力安全工作规程（电力线路部分）》（简称 2005 年版《安规》）经过近四年的实践，执行情况良好。但随着电网生产技术快速发展，特别是跨区±500kV 直流输电工程、±800kV 直流输电工程、750kV 交流输电工程、1000kV 特高压交流试验示范工程的建设和投入运行，2005 年版《安规》在内容上已经不能满足电力安全工作实际需要。为此，公司对 2005 年版《安规》进行了完善性修编，形成《国家电网公司电力安全工作规程（线路部分）》（简称 2009 年版《安规》）。为进一步推进公司规程标准化工作，在 2009 年版《安规》基础上，于 2012 年 5 月修编形成了企业标准《国家电网公司电力安全工作规程 线路部分》（报审稿）。2012 年 6 月通过了公司专家评审会审查，2012 年 8 月上报报批稿。为适应公司"三集五大"体系建设及变电站无人值守等新形势，2013 年 6 月又对部分条文进行了修订及补充。

二、编制主要原则和思路

（1）规范公司系统内各项电力作业流程和人员的行为准则，有效降低电力生产的人身伤亡事故和电网、设备事故的发生。

（2）提出防止人身伤亡及设备事故的管理规定以及技术措施与要求。

三、与其他标准的关系

本规程符合 GB 26859—2011《电力安全工作规程 电力线路部分》要求，并结合公司工作实际给出了细化安全工作规定。

四、主要工作过程

2008 年 3 月 6 日，公司安全监察部下发了《关于委托补充修订〈安规〉的函》（安监一函〔2008〕12 号）。明确华东电网公司全面负责修编工作，西北电网公司补充起草 750kV 交流部分、国家电网运行分公司补充起草高压直流部分，国网武汉高压研究院补充起草 1000kV 交流有关部分。

2008 年 4 月 15 日，公司下发了《关于成立〈国家电网公司电力安全工作规程〉修编组织机构的函》（安监一函〔2008〕21 号），成立了领导小组和工作小组。

2008 年 5 月 11～17 日，"线路"调研小组（安徽）先后赴东北电网公司、河北省电力公司、保定市供电公司和山西省电力公司进行调研。2008 年 5 月 27～31 日，"线路"调研小组（浙江）对内蒙古电力公司和河北省电力公司进行线路有关部分调研。

2008 年 6 月 12 日，在浙江省电力公司召开 2009 年版《安规》（线路部分）讨论会。

2008 年 7 月 3～4 日，在安徽宣城召开变电、线路部分统稿会议。

2008 年 7 月 18 日，在上海召开领导小组、工作小组联席会议，修编领导小组和工作小组成员出席会议，会议上，华东电网公司、西北电网公司、国家电网运行分公司和国网武汉高压研究院分别汇报了各专业小组前期工作，以及原规程修订部分、高压直流、750kV 和特高压 1000kV 有关部分的修订情况。会议决定：做好试验数据的收集分析工作，加强和中国电力科学研究院的联系，共同做好理论分析工作；做好有关规程修改后续工作，本次修订配电不独立成册，但应做好独立成册修订的前期工作，《安规》特高压部分、释义部分等后续工作要开展研究；关于通用部分（起重、运输、高处作业，一般安全措施等），原则上将《国家电网公司电力安全工作规程［火（水）电厂（动力部分）］》中有关内容精简过来。

2008 年 7 月底，完成 2009 年版《安规》（线路部分）初稿。

2008 年 8 月 12～16 日，在青海西宁召开全部工作人员会议，会议对工作小组近期完成的两本规程修订初稿进行了讨论，对

2005 年版《安规》修改完善部分，以及新增±500kV 直流输电部分、750kV 交流输电部分、1000kV 特高压交流部分内容进行了重点讨论和确认。

2008 年 10 月 30 日，《安规》修编工作组第二次会议在湖北武汉召开，会议对修编工作组第一次会议（青海会议）以来，各有关单位、工作组成员提出的修改意见及会议需重点讨论的问题进行了讨论。

2008 年 11 月 28 日，公司建设运行部、安全监察部组织召开了 1000kV 特高压交流试验示范工程有关安全距离专题会专项讨论。

2008 年底，2009 年版《安规》（征求意见稿）全国网征求意见。

2009 年 2 月 17 日，在上海召开 2009 年版《安规》修订征求意见稿讨论会议。

2009 年 3 月 26 日，公司组织 2009 年版《安规》专家评审会议。

2009 年 4 月 15 日，编写组全体成员在上海召开评审后修改意见讨论会，对专家评审会议上提出的意见、建议进行了认真的讨论、采纳。

2009 年 5 月 8 日，2009 年版《安规》（报批稿）上报国家电网公司。

2009 年 7 月 6 日，2009 年版《安规》印发，并自 2009 年 8 月 1 日起执行。

2012 年 1～5 月，《国家电网公司电力安全工作规程 线路部分》按公司企业标准规范编写，并结合 2009 年版《安规》执行情况进行部分内容修改、完善。

2012 年 5 月，完成企业标准《国家电网公司电力安全工作规程 线路部分》（报审稿）。

2012 年 6 月，企业标准《国家电网公司电力安全工作规程线路部分》（报审稿）通过专家评审。

2012 年 8 月，企业标准《国家电网公司电力安全工作规程 线路部分》（报批稿）上报。

2013 年 6 月，又对部分条文进行了修订及补充，完善《国家电网公司电力安全工作规程 线路部分》（报批稿）。

五、标准结构及内容

本规程依据 DL/T 800—2001《电力企业标准编制规则》的编写要求进行了编制。本规程主要结构及内容如下：

（1）目次。

（2）前言。

（3）规程正文共设 16 章：范围，规范性引用文件，术语和定义，总则，保证安全的组织措施，保证安全的技术措施，线路运行和维护，邻近带电导线的工作，线路施工，高处作业，起重与运输，配电设备上的工作，带电作业，施工机具和安全工器具的使用、保管、检查和试验，电力电缆工作，一般安全措施。

（4）规程设 4 个规范性附录：标示牌式样，安全工器具试验项目、周期和要求，登高工器具试验标准表，起重机具检查和试验周期、质量参考标准。

（5）规程设 14 个资料性附录：现场勘察记录格式，电力线路第一种工作票格式，电力电缆第一种工作票格式，电力线路第二种工作票格式，电力电缆第二种工作票格式，电力线路带电作业工作票格式，电力线路事故紧急抢修单格式，电力线路工作任务单格式，电力线路倒闸操作票格式，带电作业高架绝缘斗臂车电气试验标准表，线路一级动火工作票格式，线路二级动火工作票格式，动火管理级别的划定，紧急救护法。

六、条文说明

（1）条文中用"应"的条款，表示强制执行，用"宜"或"可"的条款为推荐使用。

（2）本规程基于 2009 年版《安规》修编形成，实际执行时，应以本规程为准。各单位可根据现场情况制定本规程补充条款和实施细则，经本单位批准后执行。

（3）关于 3.1 和 3.2 中高、低压的定义的说明。原先，国家法律层面上对高、低电压定义的，仅有《最高人民法院关于审理触电人身损害赔偿案件若干问题的解释》（2000 年 11 月 13 日由最高人民法院审判委员会第 1137 次会议通过 法释〔2001〕3 号）。其第一条明确"民法通则第一百二十三所规定的"高压"包括 1 千伏（kV）及以上电压等级的高压电；1 千伏（kV）以下电压等级为非高压电。"所以，2009 版《安规》采用了此定义。

当前，GB 26859—2011《电力安全工作规程（电力线路部分）》对高、低电压定义如下：

低〔电〕压 low voltage，LV

用于配电的交流系统中 1000V 及其以下的电压等级。

〔GB/T2900.50—2008，定义 2.1 中的 601-01-26〕

高〔电〕压 high voltage，HV

1）通常指超过低压的电压等级。

2）特定情况下，指电力系统中输电的电压等级。

〔GB/T2900.50—2008，定义 2.1 中的 601-01-27〕

（4）本规程依据 DL/T 5343—2006 《750kV 架空送电线路张力架线施工工艺导则》5.5.8 规定，删除了 9.4.13.1 中关于"……邻近 750kV 及以上电压等级线路放线时操作人员应站在特制的金属网上，金属网应接地"的内容，并修改为"……操作人员应站在干燥的绝缘垫上，并不得与未站在绝缘垫上的人员接触"。

（5）本规程删除了 10.10 "上述新建线路杆塔必须装设"。（原文：高处作业人员在作业过程中，应随时检查安全带是否拴牢。高处作业人员在转移作业位置时不准失去安全保护。钢管杆塔、30m 以上杆塔和 220kV 及以上线路杆塔宜设置防止作业人员上下杆塔和杆塔上水平移动的防坠安全保护装置。上述新建线路杆塔必须装设）。

（6）本规程依据"13 带电作业"的适用范围"13.1.1　本规程适用于在海拔 1000m 及以下交流 10kV～1000kV、直流±500kV～±800kV（750kV 为海拔 2000m 及以下值）的高压架空电力线路、变电站（发电厂）电气设备上，采用等电位、中间电位和地电位方式进行的带电作业"。在海拔 1000m 以上（750kV 为海拔 2000m 以上）带电作业时，应根据作业区不同海拔高度，修正各类空气与固体绝缘的安全距离和长度、绝缘子片数等，并编制带电作业现场安全规程，经本单位批准后执行。即本规程中的带电作业的安全距离、组合间隙、良好绝缘子片数等相关数据是有条件的。为此，作业人员进行带电作业时，应在执行《安规》相关规定的同时，更加执行好带电作业专业规程、导则。

将"13.11　低压带电作业"的内容移至 12.4，并将本节题目修改为"低压带电工作"。

（7）为保障±400kV 柴拉直流输电系统现场安全生产运检工作需要，在试验研究的基础上，公司组织制定了《±400kV 柴拉直流输电系统生产运行安全距离规定（试行）》（生输电〔2012〕16 号），据此，本规程补充了±400kV 直流输电系统的安全距离及带电作业的安全距离、最小组合间隙等数据。此安全距离只适用于±400kV 柴拉直流输电系统。

（8）本规程依据《±660kV 同塔双回直流线路带电作业及试验研究》（合同编号：SGKJJSKF〔2008〕657 号）项目的验收意见，补充了±660kV 直流输电系统的安全距离及带电作业的安全距离、最小组合间隙等数据。

（9）依据 DL/T 966—2005《送电线路带电作业技术导则》，将表 5 中带电作业时人身与 330kV 带电体间的安全距离由 2.2m 改为 2.6m，将表 9 中 500kV 等电位作业中的最小组合间隙由 4.0m 改为 3.9m。

（10）表 5 带电作业时人身与带电体的安全距离中，依据 DL/T 1060—2007《750kV 交流输电线路带电作业技术导则》，明确了

750kV 对应数据为直线塔边相或中相值。依据 DL/T 392—2010《1000kV 交流输电线路带电作业技术导则》，表中 1000kV 数值不包括人体占位间隙，作业中需考虑人体占位间隙不得小于 0.5m。

（11）依据 DL/T 1060—2007《750kV 交流输电线路带电作业技术导则》、DL/T 392—2010《1000kV 交流输电线路带电作业技术导则》、《±400kV 柴拉直流输电系统生产运行安全距离规定（试行）》（生输电〔2012〕16 号）、《±660kV 直流输电线路带电作业技术导则（征求意见稿）》、Q/GDW 302—2009《±800kV 直流输电线路带电作业技术导则》，将表6～表10 中的数据作了相应补充和修改，并补充了相关说明。

（12）本规程依据 DL/T 976—2005《带电作业工具、装置和设备预防性试验规程》、DL/T 878—2004《带电作业用绝缘工具试验导则》及相关交（直）流输电线路带电作业技术导则，将13.11.3.6 "带电作业工具的机械试验标准" 修改为 "带电作业工具的机械预防性试验标准"。内容如下：

静荷重试验：1.2 倍额定工作负荷下持续 1min，工具无变形及损伤者为合格。

动荷重试验：1.0 倍额定工作负荷下操作 3 次，工具灵活、轻便、无卡住现象为合格。

（13）依据 GB/T 3608—2008《高处作业分级》，将 10.17 条中的 "6 级及以上的大风" 改为 "5 级及以上的大风"。"6 级及以上的大风" 是 2009 版《安规》引自 GB/T 3608—1993 《高处作业分级》中的相关内容。

（14）本规程为解决填用电力线路第一种工作票时，工作中需转移接地线的问题，对附录 B 电力线路第一种工作票中的 6.4 应挂的接地线栏增加了挂设时间和拆除时间。

（15）依据 GB 2894—2008《安全标志及其使用导则》，将附录 J 中禁止类标示牌的字样由 "黑字" 改为 "红底白字"。禁止类标示牌字样为 "黑字" 的也可继续使用，但在采购新标示牌时，应考虑按新标准逐批更换。

（16）为适应公司"三集五大"体系建设及变电站无人值班等新形势，本规程参照《国家电网公司关于印发〈国家电网公司电力安全工作规程（变电部分）、（线路部分）〉修订补充规定的通知》（国家电网安质〔2013〕945 号）对 2009 版《安规》部分条文进行了修订及补充。

（17）本规程将"线路双重名称"修改为"线路名称"。将"电缆双重名称"修改为"电缆名称"。